领先科技系列丛书

吴 沅/编著

中国航天简史

上海科学技术文献出版社
Shanghai Scientific and Technological Literature Press

图书在版编目（CIP）数据

中国航天简史 / 吴沅编著．—上海：上海科学技术文献出版社，2020

（领先科技丛书）

ISBN 978-7-5439-8005-1

Ⅰ．①中…　Ⅱ．①吴…　Ⅲ．①航天—技术史—中国　Ⅳ．① V4-092

中国版本图书馆 CIP 数据核字 (2020) 第 019862 号

策划编辑：张　树
责任编辑：王　珺　罗毅峰
封面设计：合育文化

中国航天简史
ZHONGGUO HANGTIAN JIANSHI
吴　沅　编著
出版发行：上海科学技术文献出版社
地　　址：上海市长乐路 746 号
邮政编码：200040
经　　销：全国新华书店
印　　刷：常熟市文化印刷有限公司
开　　本：720×1000　1/16
印　　张：11.25
字　　数：172 000
版　　次：2020 年 6 月第 1 版　2020 年 6 月第 1 次印刷
书　　号：ISBN 978-7-5439-8005-1
定　　价：35.00 元
http://www.sstlp.com

前言

一

从地球走向太空，是人类文明的一大进步。

人类飞向太空的梦想差不多与人类本身的历史一样久远。中国人自古不缺航天梦，从"嫦娥奔月"的神话想象，到"万户飞天"的身体力行，历史文化中均有传说和记载，甚至现代航天中必不可少的火箭技术也是源自我们祖先的伟大发明。

中国从来就重视航天事业。从 1970 年发射第一颗人造地球卫星（东方红一号）开始到"长征"系列运载火箭、神舟载人飞船、北斗卫星导航系统，还有"天宫""嫦娥"和"玉兔"等，一系列太空探索行动步步辉煌，即使离地球甚是遥远的火星，中国人也列出了探测的具体计划和时间表，中国人的航天时代已经到来，太空离我们并不遥远！

也许有人会说，航天事业固然是国之重器，但登陆月球、火星等，那都是科学家和航天员要做的事，与我们寻常老百姓关系似乎并不大。这种看法实际上是对天文学及航天事业的误解，太空中发生的很多事情是与人类生存息息相关的。天上的事并非与人类无关，它们的运动和变化无时无刻不在影响着人们的生活。

回溯 20 世纪中叶，曾是美苏太空竞争的年代，但如今的航天领域，已经不仅仅是美俄两国之争。中国、欧盟、日本和印度都在关注航天事业的发展，自主研发显示了国之雄心，探索太空的步伐从未停止。

如今，在新一轮的太空航天竞赛中，如何才能发挥中国现有的优势，尽快缩小与先进国家的差距，走出自己独特的航天技术之路？本书介绍的一百多项航天技术，应该属于领先创新科技，也是中国航天梦成功着陆的见证！

目录

—

二、探月为得月——探月工程 /71

一、蓄势闯苍穹——载人航天

1."921"工程

这是个以决策时间命名的伟大工程！中国载人航天由此掀开了崭新的一页。几代人的飞天梦由此变成了实实在在的行动，中国载人航天计划成功着陆。

1992年9月21日，时任中共中央总书记江泽民主持召开中央政治局常委扩大会议，讨论通过了《国防科工委关于开展我国载人飞船工程研制的请示》，决定实施载人航天工程，并确定了我国载人航天工程"三步走"的战略规划。江泽民说，今天就做个决定，要像当年抓"两弹一星"那样去抓载人航天工程。

1.1 载人飞船与航天飞机之争

我们看到，讨论通过了《国防科工委关于开展我国载人飞船工程研制的请示》，但在最初载人航天采用飞船还是航天飞机可是有过激烈的争辩。

图1-1　载人航天飞船

刚开始专家们的意见并不一致，一部分人认为中国载人航天应该从飞船起步，而另一部分人提出要搞航天飞机。

复杂而繁重的论证进行了长达五年零十个月的时间，中国的顶尖科学家为此付出了超常的智力思考和体力消耗。在经过充分论证后，激烈的争执趋于缓解，载人航天器选用飞船的呼声占据了多数。原因之一是美国"挑战者"号航天飞机失事，无疑给航天飞机的发展蒙上了阴影。最后，专家们得出同一个结论——发展航天飞机不切合中国国情，发展飞船成为主旋律。有人说科学是"争吵"学，这话不无道理，飞船的方案也是"争吵"出来的。经过充分"争吵"，专家们逐步达成共识，航天飞机造价昂贵，技术复杂，当时中国还不具备航天飞机生产的技术条件，载人飞船既可搭乘航天员，又可向空间站运输物资，还可作为空间站轨道救生艇用，且经费较低，更适合中国国情。

对于飞船的设计方案有两类：一类是三舱方案，一类是两舱方案。两舱方案虽然构型简单，但安全性较差，所以讨论之下，未被采用。而且，中国是在美俄之后40多年才开始研制载人飞船，必须要有高的起点，要一步到位。

图1-2 载人航天飞船

最终，中国的科技人员以"联盟TM"飞船为赶超目标，采用了由推进舱、返回舱、轨道舱及附加段组成的三舱一段方案。中国直接研制国际先进的第三代飞船，这个方案的确立让中国载人航天从一开始就占据了制高点。

1.2 "714"——那个失落的梦

在美苏两国对太空争夺的帷幕全面拉开的时候，中国领导人决定研制载人飞船。1970年7月14日，曾批准

2

"即着手载人飞船的研制工作，并开始选拔、训练航天员"，这就是中国科学界有名的"714"批示。

中国航天人欣喜无比，他们为了同一使命，为了中国载人航天，会战在这一独特的科研领域。然而，不可能一步登天，载人航天是一个巨大的系统工程。当时中国的"长征一号"火箭运载能力还极其有限，航天测控网还没有必不可少的远洋测量船。由于经济基础薄弱，工业制造及相关工艺水平落后，中国领导人做出了"先处理好地球上的事，地球外的事往后放放"的决定。

"714"宁静了，虽然只是一幅匆匆铺就的草图，但它绝不是海市蜃楼。

1.3 "863"——苏醒的航天梦

对太空的梦想可以有暂时的停顿，但没有长期的停滞。

20世纪80年代，世界航天大国都在重新考虑自己的发展方向，中国科学家也已敏锐地感觉到。当时有四位科学家恳切地向中国领导人建言要跟踪世界先进水平，发展我国高技术的建议。他们上书的时间是1986年3月，得到了邓小平的高度重视，亲自批示：此事宜速决断，不可拖延。随即，国务院组织了200名著名专家学者反复讨论，论证这份国家高技术研究发展计划。同样按照关键时间，该计划定名为"863"计划。1986年10月，中共中央政治局召开扩大会议，批准"863"计划。"863"计划，其中航天技术领域的拨款占总数的40%之多，把载人航天预先研究列为重点发展项目。中国的载人航天事业终于迎来了发展机遇。中国的航天梦苏醒了，并以迅雷不及掩耳的态势重返世界载人航天的舞台。

2. 分三步走——中国载人航天工程的发展战略

1992年6月底完成的《载人航天工程技术经济可行性论证报告》，确定了中国载人航天工程采取"三步走"的发展战略：

第一步，在2002年以前，发射两艘无人飞船和一艘载人飞船，建成初步配套的试验性载人飞船工程，开展空间应用实验。即将航天员送入预定轨道，并使航天员安全返回地面，实现我国载人航天的历史突破。第一步已经胜利完成。

第二步，计划在2007年左右，突破载人飞船和空间飞行器的交会对接技术，并利用载人飞船技术改装、发射一个 8 吨级的空间实验室，解决有一定规模的、短期有人照料的空间应用问题。北京时间 2008 年 9 月 25 日 21 时 10 分至 28 日 17 时 37 分，虽然只是短短的 2 天又 20 小时 27 分钟，但在中国的载人航天史上又树起了一座里程碑。"神舟七号"载人飞船使中国人第一次在浩瀚的太空中印上了自己的脚印，从那一刻起，中国成为继美国、俄罗斯之后世界上第三个实现太空行走的国家。航天员翟志刚以自己在太空中跨出的一小步，迈开了中国人探索太空的一大步。"神舟七号"载人飞船，是实现第二步的开局。之后，2011 年 11 月，"神舟八号"不载人飞船和"天宫一号"目标飞行器成功实现我国载人航天史上的首次交会对接，突破了自动交会对接技术；2012 年 6 月 29 日，我国首次载人交会对接任务圆满完成，"神舟九号"飞船 3 名航天员景海鹏、刘旺和刘洋在完成预定飞行任务后，安全返回主着陆场。"神舟九号"飞船载人飞天，不但又一次成功验证了自动交会对接技术，而且首次成功实现手动交会对接。通过两次太空飞行，全面验证了载人飞船与在轨飞行器在太空交会对接的两种方式。两次交会对接任务的成功实现，对于中国载人航天未来的发展，特别是对今后空间站的建设奠定了良好的基础。2013 年 6 月 26 日 8 时 07 分，"神舟十号"载人飞船返回舱在内蒙古主着陆场成功着陆。"神舟十号"飞行乘组航天员聂海胜、张晓光、王亚平

图 1-3　神舟飞船

4

安全顺利出舱，身体状况良好。至此，"神舟十号"载人飞行任务取得圆满成功。它既是我国载人航天"三步走"战略第二步第一阶段的收官之战，也是我国载人航天工程的首次应用性飞行。2016 年 10 月 17 日 7 时 30 分，"神舟十二号"成功发射并和"天宫二号"空间实验室自动交会对接成功，奠定了未来我国空间站建设的基础。总之，我国载人航天第二步整体进行得非常顺利，已胜利完成。

第三步，已陆续发射货运飞船"天舟一号"，空间实验室"天宫一号""天宫二号"，2022 年还将发射"天宫三号"等，在太空建造 60 吨级大型空间站。其基本构型包括 1 个核心舱和 2 个实验舱，每个约重 20 多吨，额定成员 3 人，乘组轮换时，最多可达 6 人，解决较大规模长期有人照料的空间应用问题。

3. 世界第三代载人航天器——神舟号飞船

20 世纪 50 年代起，苏联与美国互相竞争，发展载人飞船，它们的载人飞船分别经历了三代。苏联 / 俄罗斯载人飞船发展的三代为：第一代是载 1 人的"东方号"飞船；第二代是载 3 人的"上升号"飞船；第三代是载 3 人的"联盟号""联盟 TM"和"联盟 TMA"飞船。其中，第一代和第二代飞船都是弹道式载人飞船，第三代飞船是半弹道式载人飞船。

美国载人飞船发展的三代为：第一代是载 1 人的"水星号"飞船；第二代是载 2 人的"双子星座号"飞船；第三代是载 3 人的"阿波罗号"登月飞船。其中，第一代飞船是弹道式载人飞船，第二代和第三代飞船都是半弹道式载人飞船。

从上述介绍中可以看出，当今世界上飞船的发展水平为第三代。而我国的神舟号飞船虽然起步远比美国、俄罗斯晚，但从下面的描述中可以看出，中国飞船属于当今世界第三代飞船是名副其实，且有过之而无不及：中国的"神舟号"飞船，由轨道舱、返回舱、推进舱和附加段（即"三舱一段"）组成，能乘坐 3 名航天员，可自主飞行 7 天，返回舱采用半弹道式载人。载人飞行结束后，其轨道舱继续留轨运行，开展各种空间科学和技术试验，这是中国的首创。"神舟号"飞船的返回舱尺寸比"联盟号"飞船大，航天员乘坐更舒适。"神舟号"飞船的技术水平相当于国际上 20 世纪 90 年代的水平，总体性能优于苏联的第三代载人飞船（"联盟 TM"飞船）。所谓"半弹道式载人"是指航天器返回舱的升阻比（升力与阻力之比）不大于 0.5 的航天器，以通过滚动控制调整升力方向的方式进入地球大气层。其技术状态比较复杂，优点是返回舱着陆点控制精度高。

载人飞船还必须具有非常好的防热技术，因为当飞船完成轨道飞行任务重新进入大气时，前面有近 8000℃ 的高温激波，周围又被数千摄氏度的空气包围，如果不采用特别的防热措施予以防护，它会像流星一样，在穿越大气层时被烧毁，或者仅留下一些残骸。总之，防热结构的功能就是防止返回舱在返回地面过程中发生过热和烧毁，保护舱内航天员的安全和设备的正常工作。实测结果显示，飞船正前方温度最高，越向后温度越低。另外，要避免发生共振，即发射时，如果飞船的某一固有频率与运载火箭的固有频率相同，那么在发射时可能产生强烈的共振，振至极限时，将导致舱体结构的破坏或仪器设备的失效，还会对航天员的身体带来伤害。载人飞船在太空中高速飞行，但太空环境极为严酷，完全不适合人类生存。为了确保航天员在整个飞行过程中安全地工作和生活，必须在飞船内部创造一个适合人类生存的基本环境，并提供必需的生活支持保障。这样的功能，主要由飞船环境控制与生命保障分系统（简称环控生保分系统）予以实现。载人飞船上的气闸舱，它是载人航天器上用于航天员出舱活动的一个特殊的过渡舱段，也是航天员进入太空和返回的必经之地。航天员出舱活动可以分为出舱准备、舱外活动和从舱外返回三个阶段。气闸舱的舱压是针对这三个阶段的工作状态和航天员的安全性要求而设计的。

中国的神舟号飞船完全符合上述严酷的技术要求，并且通过十一艘飞船（包括无人和载人）的成功发射（成功率为百分之百），神舟飞船已从试验性飞行阶段进入到应用性飞行阶段。

4. 从"神舟一号"到"神舟十一号"

下面让我们重温从"神舟一号"到"神舟十一号"，我国载人航天事业不断开拓、不断突破的光辉岁月。

4.1 "神舟一号"到"神舟四号"——圆梦飞天

1999年11月20日，我国第一艘无人试验飞船"神舟一号"从酒泉大漠腾空而起，飞向太空，中华民族的飞天之梦开始实现。"神舟一号"首次采用了在技术厂房对飞船、火箭联合体垂直总装与测试，整体垂直运输至发射场进行远距离测试发射控制的新模式。作为中国载人航天测控网的"心脏"与"神经中枢"的北京航天飞行控制中心给了世界一个精彩的亮相。

2001年1月10日，"神舟二号"无人飞船在"长征-2F"运载火箭的托举下发射升空。"长征-2F"运载火箭新增加了故障检测系统，在箭体结构、动力装置、控制、遥测系统等方面均有提高。"神舟二号"飞行任务中，首次在自主研制的飞船上进行空间科学与应用研究，进入空间科学研究和资源开发的新阶段。

2002年3月25日，"神舟三号"飞船于酒泉卫星发射中心发射升空。"神舟三号"增加了逃逸和应急救生功能。此次任务中，科研人员在飞船里安装了形体假人及人体代谢模拟装置、医监设备和舱内辐射环境监测设备等，并进行了相应试验。

2002年12月30日，"神舟四号"飞船也于酒泉发射升空。"神舟四号"任务中4艘"远望号"航天测量船及各有关地面测控站对飞船进行了持续跟踪、测量和控制飞船在太空成功地实施了太阳能帆板展开、轨道机动、姿态确定等数百个动作后，成功实施变轨并进行了两次轨道维持，载人航天的各种系统均得到了实际考验，为最终实现载人飞行，打下了坚实基础。

4.2 "神舟五号"——首次上太空

2003年10月15～16日，我国航天员杨利伟乘坐"神舟五号"载人飞船首次出征太空，并绕地球运行了14圈，历时21小时23分，顺利完成各项预定操作任务后，安全返回位于内蒙古阿木古朗草原的主着陆场。"神舟五号"飞船与"神舟四号"飞船基本相似，不同的是"神舟五号"飞船还设置了未来与空间实验室对接的接口，且具备自主应急返回的能力，在自动返回系统失效的情况下，航天员可以手动控制返回地面。首次载人航天飞行的圆满成功实现了中华民族千年飞天梦想，标志着我国已经成为世界上独立自主地完整掌握载人航天技术的国家之一。首位航天员杨利伟，为我国航天事业作出了突出贡献，被授予"航天英雄"荣誉称号，并获得"航天功勋奖章"，后还晋升为少将。

4.3 "神舟六号"——多人多天飞行

2005 年 10 月 12 日，我国航天员费俊龙、聂海胜乘坐"神舟六号"载人飞船成功进入太空，首次实现我国"多人多天"任务飞行，飞船环控生保技术首次得到全面验证。比如，飞船运行期间，地面指控中心通过生理遥测参数、回传图像及话音通信，了解航天员的身体、生活和工作状态。航天员监视飞船飞行过程中重要指令的执行情况，并向地面报告有关情况和补发有关指令，进行相机等试验操作。两名航天员不负众望，在太空顺利完成了各项任务，因而被授予"英雄航天员"荣誉称号，并获得了"航天功勋奖章"。

4.4 "神舟七号"——太空行走

2008 年 9 月 25 日 21 时 10 分，"神舟七号"飞船载着 3 名航天员翟志刚、刘伯明和景海鹏顺利升空。刘伯明在轨道舱内协助，翟志刚出舱作业，实现了中国历史上第一次太空行走。"飞天"舱外航天服在出舱活动中的出色表现，令人赞叹！

执行"神舟七号"载人航天飞行任务的"长征 -2F"运载火箭有 30 多项技术改进，安全性和可靠性进一步提高。"神舟七号"乘组在空间飞行期间共完成了 4 项空间科学研究与实验：即航天员出舱活动，伴飞卫星试验，开展固体润滑材料和太阳电池基板材料外太空暴露试验，卫星数据中继试验。

4.5 "神舟八号"——首次自动交会对接

2011 年 11 月 1 日 5 时 58 分，"神舟八号"无人飞船由改进型"长征 -2F"遥八火箭顺利发射升空。升空后两天，"神舟八号"与此前发射的"天宫一号"目标飞行器进行了首次空间交会对接，"神舟八号"飞船与"天宫一号"目标飞行器经自动交会对接而成的组合体运行 12 天后，"神舟八号"脱离"天宫一号"并再次与之进行交会对接试验，成功验证我国航天自动交会对接技术，标志着我国已成功突破空间交会对接及组合体运行等一系列关键技术，成为继俄、美后第三个自主掌握自动交会对接的国家，为未来建立空间站奠定基础。此次任务中，载人航天工程八大系统均参加了实战考验，取得了成功。

4.6 "神舟九号"——成功实现载人交会对接

2012 年 6 月 16 日 18 时 37 分，航天员景海鹏、刘旺和刘洋搭载"神舟九号"，由"长征 -2F"遥九火箭在酒泉卫星发射中心发射升空。此次飞行任务在进一步验证自动交会对接技术的同时，首次验证手控交会对接技术，航天员刘旺担此大任，展示了"太空穿针"绝技！此次任务创造了我国载人航天史上的多项新纪录：中国航天员首次进入太空运行的人造天体；首次手控在轨交会对接；首位女航天员飞天；航天员首次较长时间在轨驻留；首次实现地面向在轨飞行器进行人员和物资的往返运输与补给等。此外航天员系统还增加了生理监测指标，同时设立了 20 多种医学预案，一旦出现紧急情况，能够进行天地协同，得到快速支持、及时处理，保障航天员在飞行中的良好身体状态。"神舟九号"飞船的发射成功，标志着中国载人航天事业迎来了新的起点。

4.7 "神舟十号"——成功实现应用性飞行

2013 年 6 月 11 日 17 时 38 分，"神舟十号"飞船在"长征 -2F"遥十火箭的托举下成功发射。这次任务与以前相比在轨时间更长，实验项目更多。三名航天员分工明确，各有侧重。有过一次飞行经验的指令长聂海胜负责手控交会对接操作；航天员张晓光主要辅助指令长工作，并承担太空授课中摄像师的任务；女航天员王亚平主要负责我国首次太空授课和飞行乘组生活照料。他们密切协作，默契配合，完美地完成了此次飞行任务。

"神舟十号"是我国载人天地往返运输系统的首次应用性飞行。所谓应用性飞行，是相对以验证技术为主要目的的试验性飞行而言的。那么，如何来区别应用性飞行与试验性飞行？主要包括以下两点：第一，是飞行任务的目的，这次任务中，天地往返运输系统本身的技术验证和交会对接技术验证不再是主要目的，而为"天宫一号"在轨运营提供人员和物资往返运输服务，成为这次飞行的主要目的；第二，是飞行产品的状态，飞船和火箭经过"神舟八号"和"神舟九号"飞行任务的考核和验证，可以说功能已更加完善、完备，性能更加稳定，可靠性、安全性也进一步提高，技术状态基本固化，所以"神舟十号"任务开始进入了应用飞行阶段。它意味着我们可以把更多精力腾出来放在载人天地往返运输系统之外的其他领域上，尽管为了进一步提高安全性和可靠性，产品还会进行持续的改进，但基本的技术状态已经确定。

4.8 "神舟十一号"——再次实现应用性飞行

2016 年 10 月 17 日 7 时 30 分，"神舟十一号"载人飞船在酒泉卫星发射中心由长征 -2FY11 运载火箭成功发射升空，顺利将航天员景海鹏、陈冬送入太空，并与先期发射入轨的"天宫二号"空间实验室自动交会对接成功，航天员进入"天宫二号"空间实验室开展工作。此次总飞行时间从"神舟十号"的 15 天增加到 33 天，是我国迄今持续时间最长的一次载人飞行，目的是为了考核航天员中期驻留能力。所谓中期驻留，依据国际惯例，在外太空驻留 30 天及以上为中期驻留。中期驻留对航天员的生命保障系统、飞行器设计等诸多方面都提出了更高的要求。这意味着在载人航天的发展中，实现了巨大的跨越。

"神舟十一号"也是我国建造空间站之前的最后一次载人飞行。也可以这样认为，"神舟十一号"载人飞船飞行取得圆满成功是我国载人航天三步走的第二步已顺利完成，跨进建造空间站的新阶段，也就是跨进了我国载人航天的第三步。

5. 首个太空试验平台——"天宫一号"

"天宫一号"曾是中国最大最重的在轨航天器之一，重 8600 千克，属两舱结构。两个舱分别是实验舱和资源舱。资源舱提供动力，为飞行提供能源；实验舱有效使用空间约 15 立方米，可满足 3 名航天员在舱内工作和生活的需要。舱内温度、湿度、氧气等都和地球差不多，是适合人类生存和生活的正常环境。"天宫一号"实验舱前端安装了一个对接机构，以及交会对接测量和通信设备，用于支持与飞船实现交会对接。"天宫一号"是以无人状态进入太空的，但舱内环境如温度、压力等，都是按照载人条件进行设计准备的，目的是为进行载人飞行进行验证。因此，"天宫一号"既是交会对接过程中的目标飞行器，也是一个小型的空间实验室，是我国第一个可以在轨道上长期独立运行的可载人空间飞行试验平台。

图 1-4   天宫一号

5.1   携手"神舟"

"天宫一号"与多艘"神舟"飞船进行交会和对接。交会是指通过调节两个航天器的轨道参数实现两个飞行器在同一时间到达同一地点，并满足对接初始条件。对接是通过两个飞行器的对接机构自动完成碰撞、捕获、缓冲、校正、拉近、拉紧、密封和刚性连接，具体有如下一些动作：

动作一：远程导引。即追踪航天器（"神舟"飞船）上的敏感器能捕获目标飞行器（"天宫一号"）的范围（一般为 15 ～ 100 千米），从而逐渐缩短距离。

动作二：近程导引。在相距 1 千米时，追踪飞行器根据自身的微波和激光雷达测得与目标飞行器的相对运动参数，自动引导到目标飞行器附近的初始瞄准点。

动作三：最终逼近。当两者相距在 140 米到 1 米之间时，此时不仅要控制好两个飞行器之间相互间的距离、速度和姿态，还必须保持在每秒 1 米的相对速度内，以准备对接。

动作四：平移靠拢。这时两个庞大的飞行器，在太空相距仅几十厘米，相对速度约每秒 0.1 米，横向相对误差不超过 18 厘米，才能严丝合缝地连为一体。

动作五：对接合拢。用栓—锥或异体同构周边对接装置的捕获锁、缓冲器、传力机构和锁紧机构使两个飞行器在结构上实现硬连接，完成信息传输总线、电源线和流体管线的连接。

实例是 2011 年 11 月 3 日 1 时 17 分，飞船进入对接段实施前最后的平移靠拢段。8 吨重的"神舟八号"在惯性作用下，与 8.6 吨重的"天宫一号"以每秒 0.2 米左右的速度进行相撞，"神舟八号"上的主动对接机构碰撞上"天宫一号"上的被动对接机构。大约 10 分钟后，完成对接。

5.2 "慧眼"探地球——"天宫一号"有效载荷的神功奇能

"天宫一号"目标飞行器上安装了高光谱遥感对地观测设备，主要是利用高光谱成像仪的图谱合一的特点以及高光谱成像仪在地表覆盖识别能力、蕴含地物光谱信息等方面优势，有针对性地开展相关地区的地质调查、矿产和油气资源勘查、森林监测、水文生态监测以及环境污染监测分析等方面的研究。

比如林业方面，"天宫一号"高光谱成像仪在成像时间、空间分辨率和光谱分辨率等方面的优势，可在森林覆盖制图与变化检测方面有广阔的应用前景。由于空间遥感可以获得较大范围的数据，因此利用遥感数据可较好地估算森林的生物量和碳储量。林科院资源信息所对我国云南省景洪市西南部，利用"天宫一号"高光谱成像仪可见近红外数据和短波红外数据处理分析，计算了反映植被特征的 10 种植被指数，并与地面实测林业样地的生物量结合建立了生物量评估模型，模型的决定系数为 0.83，说明"天宫一号"高光谱数据对生物量的估测能力很强（决定系数越接近 1 时，表示相关的方程式参考价值越高；相反，越接近 0 时，表示参考价值越低）。

再如，在海洋方面，国家卫星海洋应用中心通过对"天宫一号"高光谱遥感数据进行解译、信息提取综合成了海洋领域遥感观测的数据图像，并对收集的数据进行海岸带信息与海冰信息监测，同时针对典型海岸带特征进行了制图。还有油气信息提取，因为油气圈闭内常伴有二氧化碳、水和惰性气体的甲烷等轻烃类物质穿透上覆致密岩层渗漏到地表，甚至扩散到近地表空中，利用遥感技术提取油气微渗漏信息，是一种非侵入式技术，具有经济、安全及高效等方面的优势，有很大的应用潜力。利用"天宫一号"高光谱遥感数据开展油气资源光谱探测关键技术研究，丰富了我国在油气资源调查等方面的监测手段和方法。

6. 载人空间站方案亮相

载人航天论证初期，中国更多受到苏联和欧洲的影响，尤其是欧洲航天局的哥伦布空间站似乎值得我们借鉴。早期的论证中，打算发射一个20吨级的核心舱，对接载人和货运飞船作为空间站使用，它可以看作中国的礼炮六号或是哥伦布空间站。这样的空间站方案太过简陋，安装了基本的航天器轨道控制环境控制和生命保障等系统后，剩下用于空间科研的空间实在太小了。

载人航天工程首任总设计师王永志撰文提到，载人空间站工程实施论证过程中经历了从单舱向三舱，从小舱到大舱的设计转变，最终确定了一个核心舱加两个实验舱总计3个20吨级舱段组合的方案，可以容纳大量的实验载荷，这个名为天宫号的空间站将于2022年正式建成。

中国载人航天工程总设计师周建平发表的《我国空间站工程总体构想》一文中，提到了天宫号首次在空间站上应用电推技术补偿大气阻力的影响，大幅降低了轨道维持的推进剂补给需求。根据论文《超大型航天器应用电推进系统方案设计》的介绍，中国的天宫号空间站使用LHT-100型霍尔电推系

图1-5 载人空间站

13

统，模拟评估认为轨道维持需要的补给量从 2 吨降低到 400 千克，这样一年发射一艘天舟飞船即可满足补给需求，对比和平号或是国际空间站每年需用 4 艘进步号飞船，电推轨道维持费效比上具有极大的优势。

天宫号空间站核心舱使用单自由度柔性太阳翼，实验舱安装二次展开的双自由大型柔性太阳翼，光电转换效率超过 30% 的三节砷化镓电池和高性能的锂电池，使天宫号空间站的电源系统综合性能和效率指标超过了已有的空间站。

综上所述，我们的天宫号最新方案是：天宫号空间站主要由 3 个模块组成，包括天和号核心舱、问天号实验舱和梦天号实验舱，它们都是 22 吨左右的大型舱段，使用长征五号 B 型火箭发射。天宫号空间站运行在轨道倾角 42 到 43 度、轨道高度 340 千米到 450 千米的近地轨道上，空间站设计寿命大于 10 年，额定乘员 3 人，轮换时可达 6 人的规模。天宫号空间站将由天舟货运飞船负责运送推进剂、电推工质、设备载荷和其他消费品，并负责销毁废弃物的任务，载人运输任务则由神舟飞船负责。

天和号作为核心舱负责整个空间站的电源电路等服务功能，它安装了再生和非再生的生命保障系统，可以为整个空间站提供环境控制和生命保障功能，满足航天员长期太空飞行的生活需求。天和号还安装了三个对接口、两个停泊口和一个出舱口，其中尾部的对接口用于对接天舟货运飞船，也可对接神舟载人飞船，头部节点舱向和对地方向的对接口用于对接载人飞船，节点舱左右的停泊口用于两个实验舱的对接停靠，空间站建造初期节点舱兼做气闸舱，从天顶方向的出舱口出舱进行舱外活动。天和号核心舱还配备了大型机械臂、霍尔电推系统等先进设备，内部留有 4 个通用载荷装载空间，可用于空间科研和应用，支持航天医学和生命科学实验，尾部舱外预留了两个大型外部载荷接口。

问天号实验舱主要用于支持密封舱内应用和舱外的试验，它内部拥有 13 个载荷装载空间，外部提供了 30 个标准暴露载荷接口，问天号实验舱备份了核心舱的部分控制功能，还用于存放备件、消耗品和补给货物，它还配备了空间站的主气闸舱，在正常运营阶段支持航天员的出舱活动。值得一提的是，问天号实验舱还装有小型灵巧机械臂，它既可以独立用于操作舱外载荷尤其是暴露载荷，又可以和大型机械臂联合使用。

梦天号实验舱主要任务和问天号相同，它内部布设了 9 个标准载荷装载空间，外部拥有 37 个标准暴露载荷接口，还设计了货物专用气闸舱，可以在机械臂和航天员配合下，实现载荷和设备的自动进出舱。

除了对接组成 T 字形空间站的三个模块外，天宫空间站项目还将发射共轨飞行的巡天号望远镜。巡天号空间天文望远镜质量高达十几吨，视场角远高于哈勃望远镜，在轨十年时间可对 40% 的天区也就是约 1.76 万平方米的天区进行观测，它作为中国第一个大口径大视场的空间天文望远镜，主要用于巡天观测，进行暗物质暗能量和天体形成演化等研究。根据设计，天宫号空间站还有很强的扩展能力，它预留了机电热等扩展接口，未来运营阶段可能发射备份核心舱对接，构成十字形的结构，备份核心舱不仅增强了备份能力，还可以再对接两个实验舱，外加核心舱和实验舱外部挂载的暴露载荷和观测载荷。空间站最大构型可以扩展到 6 舱 180 吨级的规模。天宫号空间站还可以对接符合我国对接标准的他国航天器或是实验舱，开展广泛的载人航天国际合作。

综观天宫号空间站的设计方案，它是一个有望成为中国在太空的国家实验室，符合中国载人航天和空间科学的发展需求，技术上达到了国际先进水平。

7. 长征五号运载火箭——我国运载火箭升级换代的里程碑杰作

长征五号运载火箭（以下简称"长五火箭"）可称得上是一个庞然大物：直径 5 米，总长约 57 米，近地轨道运载能力 25 吨，地球同步转移轨道运载能力 14 吨，起飞质量约 870 吨，起飞推力超 1000 吨，使我国运载火箭的运载能力提高了两倍多，运载火箭规模实现从中型到大型的跨越，运载能力可与国外主流大型运载火箭相媲美。

长五火箭还以 12 项核心关键技术，247 项关键技术，接近 100% 的技术创新，跻身国际最先进火箭之列。长五火箭可以用"力""智""助""数"和"美"来表达。

7.1 长五火箭的"力"

绿色发动机，造就最强动力。液氧煤油发动机和液氢液氧发动机早就被

图 1-6　运载火箭

认可为保高效、受欢迎的两类液体火箭发动机。但点火起飞时使用异型液体发动机，从点火到建立推力再到平稳起飞，控制难度大于同类发动机同时工作。

长五火箭芯一级的氢氧发动机推力为 50 吨级，助推器使用的液氧煤油发动机推力为 120 吨级。这是设计团队在 1000 多种方案中筛选出的最合理搭配。原因在于，绝对推力并非运载能力的决定性因素。当火箭升空之后，火箭对比冲的要求提升，对推力的要求降低。燃烧同样质量的液氢液氧混合物产生的气流速度比液氧煤油更高，能将火箭送往更高的轨道。发动机是航天航空工业中的一道难关，为什么这么难？因为就氢氧发动机来说，它将低温、高温、高压、高转速、高热流密度等极端特性集于一身，在极短时间内发生难以想象的剧烈变化。再加上这是大推力，小推力的状况根本不能与之相比。液氧煤油与液氢液氧首先无毒，不会对人体产生危害；其次无污染，燃烧后产生二氧化碳和水，不会破坏大气。在设计长五火箭时，设计师还努力实现了液氢加注时不需要人值守。他们通过应用大量新技术，减轻了人的工作强度，使得发射前准备工作简化。

7.2　长五火箭的"智"

"简洁、智慧、靠谱，是长征五号控制系统的设计理念，也是最明显的优点"，长五火箭副总设计师李学说。长五火箭控制系统采取了大量首创的控制策略，突破了26项重大关键技术，综合性能指标达到全球先进水平。类似的全球首创技术，长征五号控制系统一共有5项，打造了全球先进的"火箭大脑"。看起来，火箭一点火，"轰隆"一声就飞了，其实，火箭全身上下都被控制系统精确地调控着，而完美干出这些精细活儿的并不是地面上的人，是箭载计算机。火箭一旦点火升空，就进入了"自动驾驶"模式。

"火箭之眼"——惯性测量组合每20毫秒感知一次火箭的速度、位置和姿态，传给箭载计算机。计算机飞快运算，指挥火箭实时做出调整。

长五火箭全面采用了系统级冗余技术，核心控制仪器均采用三取二冗余技术，主流的可靠性技术长征五号一应俱全，即使发生了小故障也不影响成功。

7.3 长五火箭的"助"

由内而外，别具一格的助推器。大，当然是长五火箭最重要的外形特征。除了这一点，最明显的差异当属助推器的斜头锥。斜头锥有着优异的气动外形，是减少空气阻力的不二之选。助推器研制时间长达10年，"小小的"斜头锥也经历了六七年才定型。

助推器设计的唯一宗旨，就是在起飞时提供足够大的推力，克服地球引力。以往的长征火箭，助推器依靠接近尾部的后捆绑点向芯级传力，实现较为容易，但效率不及前捆绑点传力。采用前捆绑点传力，还可以为芯级减轻负担，将节省下来的重量用于载荷与燃料。长五火箭果断选择了前捆绑主传力方案。发射瞬间，助推器内部的力"先扩后收"，轨迹复杂，设计更复杂。这种偏置集中力的计算，在仿真和试验时难度极大。可以说，长五火箭带动了国内复杂结构大偏置力设计、仿真与试验能力的大跨度进步。

7.4 长五火箭的"数"

长五研制中我国首次全面推行数字化设计手段，引进三维数字化设计工具，开创了火箭数字化研制的先河。长五有了三维模型设计后，就进行全数字化的三维装配工作，这样就可以节省实物装配的工作量，大幅提高效率。长五的研制牵引了航天型号研制的数字化发展，如今在航天设计单位，全三维数字化成为基本手段；在航天制造单位，数字化生产已经广泛推行。是长五火箭使数字化工厂尽早问世！

7.5 长五火箭的"美"

合理的就是最美的。通过设计获得了最合理的外形、最小的气动阻力、最有效的传力方式，各分系统互相协调也是最和谐的，自然就美了。

长五火箭集上述各点，当然是美！仅举一例说明之：整流罩采取了冯·卡门曲线设计，这一由"导弹之父"发现的曲线，可以有效地减小空气阻力，减轻载荷影响，长五火箭的外形因而圆润而饱满。

8. 可重复使用航天运载器在中国

可重复使用运载火箭是相对于"一次性运载火箭"而言的，指运载器从地面起飞完成预定发射任务后，全部或部分返回并安全着陆，经过检修维护与燃料加注可再次执行发射任务。据有关资料介绍，美国的猎鹰重型火箭在可重复使用中获得成功。猎鹰重型首飞箭中的两枚助推器都是用回收的猎鹰9号火箭一级改装而成，也就是二手助推器，也是常说的"芯级变助推"思路。这样芯级和助推器可以最大限度通用各种部件，从而缩减生产线，简化设计，甚至降低成本。

猎鹰重型火箭在回收状态下的近地轨道运力为30吨（2017年国际宇航大会上发布的数据），依旧是现役最强火箭，这对目前甚嚣尘上的"火箭回收有损运力"是一次有力的回击。也就是说一款火箭在回收状态下，依旧能以极低成本发射所有商业火箭所能发射的载荷，那么为什么不回收呢？

再回到我国研制可重复使用航天运载器，已开展可重复使用运载器总体技术等关键技术的攻关研究，预计在2020年左右将完成首飞，并将实现10天10次发射、单位有效载荷发射成本降低至现有一次性运载火箭的五分之一的目标。

中国运载火箭技术研究院运载火箭系统总设计师龙乐豪院士认为，重复使用航天运输系统总体来看可分为三种技术途径：一是传统运载火箭构型重复使用，一般包括运载火箭助推/子级回收和垂直起降运载火箭；二是火箭动力重复使用，如升力式构型运载器等；三是组合动力重复使用，如火箭基组合循环、涡轮基组合循环发动机、复合预冷等。目前，我国已经在上述三

18

种重复使用技术的发展路线上同步推进并形成了梯次能力。龙乐豪表示，探索廉价、快速进出空间的运输工具，支撑未来大规模利用空间，推动空间应用产业快速发展，牵引需求与需求牵引形成良性循环是我国重复使用运载器未来的发展方向。另外，龙乐豪还展示了我国2017—2045年航天运输系统发展路线。2025年，我国可重复使用亚轨道运载器有望研制成功，亚轨道太空旅游将成为现实。2030年，我国火箭动力两级重复使用运载器有望研制成功，具备完全重复使用能力。2035年，我国运载火箭有望实现完全重复使用，更多的普通大众可以乘坐两级可重复使用运载器邀游太空。2040年，我国运载火箭升级换代，组合动力两级重复使用运载器研制成功，运输工具将更加多样化、智能化、高可靠、低成本，进出空间更加便捷和高效。2045年，我国组合动力单级入轨运载器研制成功，进出空间和空间运输的能力将更加强大。

龙乐豪表示，对重复使用运输系统开展的相关研究将进一步促进我国基础学科和工程技术水平的整体提升。除此之外，重复使用运载器的研究将带动高超声速空气动力学、高精度制导控制、先进空天动力、耐高温轻质材料与结构制造、重复使用评估标准等学科和技术的发展。

9.“绿色宝盒”登上国际空间站

2017年6月4日5时7分，SpaceX用猎鹰9号火箭成功发射了“龙”货运飞船，为国际空间站送去了新的补给和实验设备。飞船上携带了约2700千克的物资，包括太阳能电池板、地球观测工具和中子星研究设备等。飞船上还搭载了一位特殊的“乘客”——由北京理工大学邓玉林教授团队设计的用于“空间环境下在PCR反应中DNA错配规律研究”的实验载荷。这个重3.5千克的深绿色盒子将在空间辐射及微重力环境中，研究抗体编码基因的突变规律。这是第一个完全由中国科学家自主设计、研发和制造的科学载荷首次到访国际空间站，因此格外引人瞩目。依照计划，“宝盒”被带入国际空间站的美国舱，由美国航天员在空间环境进行两次试验。其间，美国的纳诺拉克斯公司将受北京理工大学委托，与航天员进行空间对话，以保证实验顺利进行。实验数据传回理工大学，供科研人员进行研究。

图 1-7　SpaceX

　　为进一步研究空间环境下基因突变的规律，邓玉林教授等就想到要在国际空间站上进行实验。实际上，有很多生命科学现象在进化过程中被掩盖了。如果离开地球，到空间环境开展科学实验，就有可能发现在地面上不了解和难以发现的现象和知识。这个装置的搭载体积为 4 个 U（$400 \times 100 \times 100$mm），重 3.5 千克，有 12 块芯片，60 个通道，可以对 20 个基因在空间环境下的突变规律进行研究。它能自动变温、自动加料、自动开始和停止实验，故可称之为"宝盒"。该载荷有两组，研究人员在芯片中装入了不同的生物基因样品，芯片可以控制样品的温度，同时可以在分子层面上检测基因的变化。

　　在开始空间飞行后，研究人员将启动"宝盒"中的微流控芯片 PCR 仪，让抗体基因片段在空间环境下（γ 射线、微重力）扩增。同时地面将完成对照实验。飞行结束后，项目组会对在轨飞行的"DNA- 增产物"和"对照组 DNA 扩增产物"进行测序分析，比较两者的不同，期望总结出空间飞行导致基因突变发生的频率、位点等规律，进而探讨空间辐射及微重力环境下的基因诱变机理。

　　此前，该"宝盒"还搭乘"神舟八号""长征七号"和"天舟一号"实现太空之旅。在"神舟八号"载荷实验的研究中，发现了一些显著的变化，研究人员推断，空间环境同基因突变可能与生物分子进化有着重要的联系。鉴于抗体是人体中较为保守的重要生物学元素，他们提出了大胆的设想，即将抗体编码基因片段作为研究空间环境对分子进化影响的模型。为此，有了"宝盒"要上国际空间站的计划。

这次登陆国际空间站的试验项目从关注航天员生命的角度切入，延展到空间环境影响的探索研究，有助于认识空间环境对于生物进化规律的影响，当我们掌握基因突变规律，对其做出相应改变和修饰，以更好地适应环境，对预防和控制疾病有着重要意义。

纳诺拉克斯公司的载荷业务负责人玛丽·墨菲认为，这次中国实验首登国际空间站为"双方合作树立了一个很好的榜样，是未来可继续的一种合作形式"。

10. 适应航天之需——建造海南发射场

我国经过几代航天人的努力，已经建成了酒泉、西昌和太原这三个卫星发射中心，具备了一定的航天发射能力、发射水平和发射规模。这三大发射场为我国航天事业的发展作出了重要的贡献。但是，我国现有的酒泉、西昌、太原航天发射场均建在戈壁、高原和深山，存在商业开放度不够、航天发射

图 1-8　航天发射场

互补能力不足、大直径火箭运输交通条件制约等问题。建造一个能满足航天发展新形势需要的航天发射场已迫在眉睫！经过深入调研和充分论证，最终，海南省文昌市成为新建航天发射场的首选。

10.1 海南成为首选的原因

作为低纬度滨海发射基地（发射塔离海仅 800 米），在海南文昌航天发射场发射运载火箭，相比国内其他三个卫星发射中心有几大明显的优势。一是火箭的射向范围宽。它能够覆盖 90 度—175 度，射向 1000 千米范围均为海域，可以满足地球同步轨道卫星、大质量极轨卫星、空间站、深空探测等航天器发射任务。

图 1-9　海南文昌航天发射场

二是火箭发射更安全。由于海南文昌航天发射场建在海边，从那里发射的火箭，其发射方向 1000 千米范围内是茫茫大海，所以火箭航区、残骸落区的安全性好，坠落的残骸不易造成意外。火箭发射后其第一级火箭坠落于南海，即可以避免对居民人身安全的伤害，又可以避免地面的危害。而在酒泉、太原、西昌发射中心，每次发射火箭，都要临时迁移大批居民，以防止第一级火箭坠落时对当地居民造成伤害。

三是纬度低，节约能耗。海南文昌航天发射场位于北纬 19 度的位置，因而具备了低纬度的优势。火箭发射场距离赤道越近、纬度越低，发射航天器时越能借助接近赤道的较大线速度，以及惯性带来的较大离心速度，使火箭燃料消耗大大减少，用同样燃料可以达到的速度也更快，从而能提高地球同步轨道卫星的运载能力。西昌、太原、酒泉发射场的纬度分别为 28 度、38 度、41 度。据悉，在文昌发射地球同步卫星比在西昌发射火箭的运载能力可提高 10% 至 15%，并且入轨角度比较好，仅在校正夹角上减少卫星调姿消耗的燃料就可使卫星寿命延长 2 年以上，效费比高。

四是火箭运输更便利。发射基地选在海南文昌，火箭可以通过海路运输，火箭的大小就不受铁路运输的限制。我国长征二号、三号、四号等系列火箭由于受到铁路运输的限制，主要是受涵洞大小的影响，其组件的最大直径只能限制在 3.5 米。而我国长征五号新一代大型运载火箭，其芯级的直径为 5 米，用公路、铁路运输都难以满足要求，只能采用海运。海南航天发射场具有年发射能力强的优势，每年可进行 10 次—12 次发射。

10.2　诸多亮点

一是经过 3 年的努力，取得了活动发射平台转弯行走原理试验的成功。这是航天发射支持系统的一次重大突破，让我国运载火箭活动发射平台转弯行走实现了零的突破。目前，除日本外，我国是第 2 个掌握单轨差速转弯行走技术的国家，也是继美国、欧洲、日本之后第 4 个掌握发射平台转弯行走技术的国家。

二是文昌航天发射场有专门的脐带塔。这是因为这里风大，而我国台风预测能力仅能提前 1 周。以往火箭所有的管路连接以及测试验证都是在发射阵地进行，大约需要 20 天左右的时间，如今天气的不确定性，使火箭不能在发射阵地如此长时间工作，为此，设计人员专门设计了脐带塔，使火箭在技术阵地完成相关技术的验证和试验后，在转场过程中可以保证所有连接状态不变，到发射阵地后直接进行加注发射，缩短了在火箭发射阵地的测试时间。

三是文昌的火箭发射平台采用了喷水降温措施。水分蒸发带走大量的热，发射平台核心区降温幅度在 1000℃ 左右。此外，该系统还有良好的降低噪音效果。海南航天发射场是中国新建的开放型、环保型的现代化航天发射场，是自主设计的航天发射场，也是世界一流的现代化新型航天发射场。

11. "三垂一远"——先进的中国测试发射模式

测试发射模式就是发射场进行航天测试发射所采用的方式，主要包括总装、测试、运输和发射方式等。影响测试发射模式的主要因素有航天发射的时间要求、火箭和飞船的适应性、测试发射技术水平、发射场地面设施设备的支持能力等。

我国载人航天选择的是"三垂一远"，既可满足可靠性、安全性要求，又可满足后续空间实验室、飞船天地往返运输系统以及空间救援系统等的发射要求。

所谓"三垂"，是指飞船和火箭垂直组装、垂直测试、垂直运输的模式。飞船及火箭在垂直状态下进行组装对接，最后垂直运输到发射区，经过简单的性能复查后即可加注发射。其主要优点是技术区与发射区箭上产品状态一致，火箭占位时间短。但是需要建造大型垂直总装测试厂房和活动发射平台。一般都应用在大型运载火箭、载人航天发射及发射频率要求高的发射场。

所谓"一远"，是指远距离测试发射控制方式。其特点如下：

一是载人航天发射场测试发射中心设在技术区，提高了发射的安全性。

二是测试发射中心配置完备的测试发射指挥监控系统，利用中心的一套主控设备及布置在技术区、发射区各个工位的前置设备，对技术区的综合测试和发射区的点火发射进行控制，提高测试发射的可靠性和检测自动化水平，缩短测试时间，减轻测试发射人员操作时的心理负担。

三是发射勤务设施实现远距离控制。发射区加注、消防、摆杆、瞄准等设施均采用计算机网络，连通测试发射控制楼的测试发射指挥监控系统，实现远距离控制。

12. 飞船自天外回归——中国的回收着陆系统

回收着陆系统担负着飞船载人轨迹的捕获、跟踪和测量，搜索并回收返回舱，以及对航天员出舱后进行医监医保、医疗救护和紧急护送等相关分系统的任务。

12.1 上天并不意味着成功

飞船发射上天，人们往往会感到载人航天已大功告成，其实未必！它只是成功了一半，飞船还要能够安全返回才算成功了另一半。其中还必须过六关，即调姿关、温度关、黑障关、过载关、撞击关、落点关。

12.2 着陆场选址

我国设置了13个着陆点。除内蒙古四子王旗和酒泉卫星发射中心主、副两个着陆场外，还设有包括泛阿拉伯地区、北非、西欧、澳大利亚、美国、南美洲等地区和国家的11个应急着陆场。这些着陆场应具备4个基本条件：一是飞船轨道要从这个地区上空设置各种应急返回方案，便于飞船多次调整姿态；二场地要开阔，房屋和高大树木占地面积要少，便于观察，方便地面、空中回收部队调运；三是地势平缓，地表坡度不能超过5度，表面要结实，保证飞船软着陆后平稳等待回收；四是天气状况良好。

12.3 应急返回方案

飞船上升段出现应急情况，着陆系统在陆上划定了4个应急救生区，在海上划定了3个应急溅落区。每个陆上搜救区均配备搜索救援直升机和特种车辆。每个海上救生区均配备了2艘打捞船，并配备了直升机和自动化打捞网。陆上应急搜救由中国载人航天工程着陆场系统与成都军区某集团军、成都军区总医院、成都市公安、武警及民兵预备役分队密切配合。海上应急搜救飞船主要是从黄海到关岛东南的太平洋面约2200千米范围。如"神舟五号"载人航天飞行任务时，海上应急救援准备工作，由交通部救捞局、北海救助局、南海救助局、上海打捞局和救捞船"北海102"轮、"穗鲲"轮、"德意"轮担负了海上应急救援航天员和打捞返回舱的任务。

12.4 医保医监医疗救护

返回后的航天员医监医保分为着陆现场和将航天员转运到北京航天城后两部分的医学保障工作。着陆场医监医保任务：返回舱降落后，医监医保人员在第一时间赶到，协助打开舱门。医监人员进舱前，应进行舱内气体检测，如有有害气体，则进行必要的处置。医监医保人员进舱后应解除航天员的束缚，打开航天服面窗，脱下手套，解限腿带，打开快卸锁，解开肩带、腰带等座椅机构，判断航天员的身体状况，立即向医学处置指挥员报告，在给予必要处置的同时，确定航天员的出舱方式。随着技术的不断发展，例如"神舟九号"飞船为航天员提供了全套医监生化检测组件，每次检测要使用一整套工具，固定在一个小操作板上，把操作板往航天员工作台板上轻轻一粘，就是一个"医监平台"。整个医监生化监测系统不大，用于样本采集、处理的工具大多类似于拇指大小，最大的也大不过一个巴掌。这些工具用起来方便、简单，在微重力环境下通过"傻瓜式"操作就能实现精准定量，确保微量取液准确、可靠。

北京航天城医监医保：航天员回到北京后，身体恢复分为医学隔离期、医学疗养期和恢复疗养期三个阶段。医学隔离期为1—2周，航天员将在航天员公寓内适应地球环境尤其是重力环境，提高心血管系统和运动器官的功能，提高立位耐消除飞行后的疲劳。第二阶段是医学疗养期，时间在二三十天。航天员将入住天气好、空气好的疗养院，在继续恢复健康的同时逐渐增大活动量。第三阶段是恢复疗养期，时间大约为3个月。通过疗养，使航天员各项生理参数恢复到飞行前的状态。

13. 亿中选一——中国航天员选拔

航天员是一个从事特殊工作的人群，需要具有优秀的综合素质，需要具有特殊的品格和特殊的能力。以我国航天员大队为例，1998年1月，中国航天员大队正式组建，共有14名航天员（其中2名为教练），是从符合基本条件的1500多人中选出800人，后精选60人，再经过层层筛选，最终14名航天员脱颖而出。

中国有近14亿人口仅选出了14名航天员，真是"亿里挑一"。说他们是国宝，绝不夸张。有人说培养一名飞行员，所耗费的黄金可以等身。而且航天员必须具有天赋，光凭代价培养不出合格的航天员。1992年9月21日，我国载人航天工程启动。中国航天员中心按照我国载人航天工程"三步走"发展战略部署，规划了我国航天员选拔与训练事业的三个阶段：第一阶段，建立能满足工程总目标需要的航天员选拔与训练体系，并选拔训练出合格的航天员，为"神舟五号"和"神舟六号"两次载人飞行提供合格的航天员和飞行乘组；第二阶段，建立能满足出舱活动和交会对接需要的航天员选拔与训练体系，为

"神舟七号""神舟八号""神舟九号""神舟十号"和"神舟十一号"载人飞行提供合格的飞行乘组；第三阶段，要建立能满足空间站任务需要的航天员选拔与训练技术，为空间站任务提供合格的飞行乘组。

尽管已经开展了一定的选拔技术预研工作，航天员选拔与训练在我国仍然是一项开创性的工作。在时间紧、任务重、要求高、资源有限、可借鉴的国内外选拔训练资料有限，且与整个工程研制并行开展工作的情况下，我国航天员选拔训练工作一切从零开始，艰难起步，进入了一个系统研究、全面建设、不断创新、稳步发展的崭新阶段。

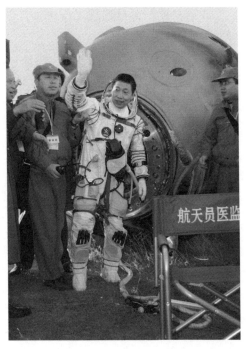

图 1-10 杨利伟成功返航

科研人员深入开展选拔训练技术研究和选拔训练设备的研制，组建教员队伍、医监医保队伍，密切与其他系统联系，将系统工程、教育学、心理学、运动医学和航天医学等理论与我国载人航天工程的任务、要求和特点紧密地结合起来，完成了我国航天员选拔训练体系的创建，同时为中国载人航天工程选拔训练出了两批优秀的航天员，为后续载人飞行提供了优秀的飞行乘组。

这里再介绍一下第二批航天员选拔及首批女航天员选拔：2009 年 11 月至 2010 年 1 月，中国航天员中心完成了 4 大类、27 个项目、1021 人次医学和心理选拔及 346 人次走访和体检的选拔实施任务，最终选出了 2 名女航天员及 5 名男航天员，圆满完成了我国首批女航天员和第二批男航天员的选拔任务，创建了血液重新分布适应性选拔新技术，创新了前庭功能、运动心肺功能等项目评价方法，构建了面向中长期飞行的航天员心理素质评价模型，提出了多维度、全方位、递进式系统选拔策略，突破了中长期飞行航天员心理选拔关键技术。

在第二批航天员选拔工作中，首创了中国女航天员选拔技术体系，系统开展了 21 个研究项目、206 人、2048 次实验，研究总结出了中国女性在航天特因环境中生理、心理反应特点和变化规律，筛选出了选拔评价和监测指标，确定了选拔负荷和程序，成功选拔出了中国首批女航天员，填补了我国该领域内的空白。

14."绿航星际"试验

"绿航星际"是我国目前参与人数最多、时间最长的受控生态生保系统试验，实现了 4 名志愿者所需氧气、水的再生式供应；实现了部分食品的再生式供应；完成了载人试验系统内物质流的动态平衡调控；初步实现了基础环境控制、物理化学再生生保以及生物再生生保等功能系统长期协同运行的有效性、稳定性和安全可靠性，建立了相应的系统控制策略；开展了面向中长期驻留任务中食品与营养保障、生活保障、卫生制度以及作息制度验证。

2016 年 6 月 17 日上午，深圳市太空科技南方研究院举行了简短隆重的"绿航星际"——4 人 180 天受控生态生保系统集成试验（以下简称"绿航星际"）进舱仪式。2016 年 12 月 14 日上午 11 时 15 分，4 名志愿者在经历了为期 180 天的密闭生活之后走出试验舱，试验取得圆满成功，这标志着我国自主掌受控生态生保技术达到国际先进水平，也为长期空间飞行中的心理调节工作积累了宝贵的经验。

整个试验平台包括八个舱段，分别是植物舱 1、植物舱 2、植物舱 3、植物舱 4、两个乘员舱（上下层）、生保舱和资源舱，涉及植物培养、大气再生与调控、水再生循环、固废处理、温湿度控制、测控等分系统，可满足开展六人长期集成试验的需要。其中植物舱 1、植物舱 2、植物舱 3 和植物舱 4 的栽培面积分别为 63.84 平方米、86.52 平方米、29.4 平方米和 12.85 平方米，植物总栽培面积为 192.16 平方米。植物舱 1 用于栽培蔬菜、水果和油料作物，植物舱 2、植物舱 3 和植物舱 4 用于栽培小麦、马铃薯和部分蔬菜水果等作物，为乘员提供生存所需的食物和呼吸用氧，并同化乘员呼出的二氧化碳。舱内种植的小麦、土豆、甘薯和蔬菜等植物，为 4 名志愿者提供了全部的氧气和 50% 以上的食物。当植物进入生长平稳期以后，更是提供了 80% 以上食物来源。

大气循环：设中心舱（包括生保舱、乘员舱 1 及乘员舱 2），乘员呼吸与资源舱产生的二氧化碳通过舱间通风排放至生物舱，给植物生长的光合作用提供养分。而光合作用释放的氧气通过反向管路送至中心舱和资源舱，实现各舱间大气成分的调控。舱内还配备了大气物化再生系统和大气净化系统。

水循环：植物通过蒸腾作用产生大量水蒸气，经冷凝后形成冷凝水，大部分冷凝水回灌到植物培养系统，另一部分冷凝水则经过离子交换、灭菌手段深度净化后供给乘员生活及饮用。乘员生活过程产生的生活废水及尿液经过净化处理后回用到植物培养系统，从而形成一个完整的水循环。

废物处理：废物的循环处理也是受控生态生保系统持续运转的关键之一，在"绿航星际"平台的运行过程中，会持续产生固体废物，这些废物如果不能快速循环，就会造成大量的碳氢氧氮元素沉积，受控生态系统核心物质流循环就会停滞。为此，"绿航星际"采用了"微生物＋膜分离＋离子交换技术"相结合的废水处理技术和"高温氧化为主＋微生物发酵处理为辅"相结合的废物处理技术，从而实现了大气和水的 100% 循环供应，食物闭合度平均达到 55%，植物不可食部分和乘员粪便等废物的再生率达到 88%。

除了一系列的地面大型试验，将来还将积极争取在空间站上逐步实现单元级、亚系统级和系统级水平上的空间验证，以尽早实现该技术在空间站以及未来月球、火星等地外星球基地的部署与应用。

15. 太空授课面面观

中国航天史上首次太空授课，于 2013 年 6 月 20 日 10 时 04 分至 55 分开课，女航天员王亚平在指令长聂海胜的配合下做了 5 个有趣的物理实验，并通过天地对话给中小学生进行了答疑。航天员张晓光全程负责摄像。在大约 40 分钟的授课中，航天员通过质量测量、单摆运动、陀螺运动、水膜和水球 5 个基础物理实验展示了失重环境下物体的运动特性、液体表面张力特性等物理现象。他们讲解了实验背后的物理原理，并通过视频通话与全国 8 万余所中学 6000 余万名师生实现电视直播同步收看。

15.1　太空称重

王亚平拿出两个完全一样的弹簧，弹簧的底端分别固定了两个质量不同的物体。如果在地面，由于这两个物体质量不同，所以这两根弹簧的伸长量肯定是不同的。但在太空中，两个弹簧却停留在了同一位置，无法显示出两个物体质量的差别。那在太空中航天员想要知道自己是胖了还是瘦了，该怎么办呢？王亚平接下来向大家展示了测质量的装置——"质量测量仪"，并请聂海胜共同演示。首先让聂海胜固定在质量测量仪上，然后王亚平把连接运动机构的钢丝绳拉到指定位置，之后拉力会使他回到初始位置，这样就测出了他的质量：74千克。这台质量测量仪用的是什么物理原理呢？王亚平解释说，其实就是我们学过的牛顿第二定律。"物体受到的力等于它的质量乘以加速度。测出力和加速度，就可以算出质量了。因此，我们设计了一个'弹簧—凸轮'机构，能够产生一个恒定的力，就是刚才把聂海胜拉回到初位置的力。我们还设计了一个光栅测速系统，能够测出刚才身体运动的加速度。然后根据牛顿第二定律，就可以算出身体的质量了。"

15.2　太空单摆

王亚平取出了一个支架，用细绳将小球连接在支架上，形成了一个我们地面上常见的单摆。当王亚平推动小球时，小球并没有像在地面上一样做往复摆动，而是轻轻地飘荡在空中，无规则移动。"这是为什么呢？"王亚平让同学们思考。答案很明显，"因为在太空中小球处于失重状态，没有了回复力。"接下来王亚平推了小球一下，小球竟然在做圆周运动，再换个方向演示，小球仍然在做圆周运动！这也是因为在太空中，小球处于失重状态，即使我们给小球一个很小的初速度，它也能绕摆轴做圆周运动；但是在地面上却需要一个足够大的初速度才能够实现。这个实验告诉我们，由于太空环境的特殊性，很多地面上司空见惯的现象在太空却不会发生。比如我们常见的摆钟，在太空中就不能使用。

15.3　太空陀螺

一个彩色陀螺的出现意味着第三个实验开始了，王亚平先是把静止的陀螺悬空放置，给它一个外力，这个静止的陀螺就会翻滚着向前运动，它的轴向发生了很大的改变。之后把它抓回来让它旋转起来，这次，它不翻滚了，而是晃动着向前走。王亚平又拿出另一个陀螺，让它们一个静止，一个转动，给它们同样外力，结果静止的陀螺开始翻滚着向前移动，而旋转的陀螺虽然是晃动但是轴向基本没有改变。这说明高速旋转的陀螺具有很好的定轴性，而且陀螺这一定轴特性在天上地上是完全一样的。很多自旋卫星本身就是利用了这个定轴性。

15.4　太空水膜

王亚平先拿出一个在太空中喝水用的饮水袋并将其打开，水并没流下来，王亚平从水袋中挤出一个水滴，这颗晶莹剔透的水滴却悬浮在空中，"为了避免它到处乱飞，我要用独特的方法来收集它，正好可以润润嗓子。"说着王亚平张嘴把飘浮在空中的水滴吃了进去。接下来的一幕更是让人惊叹，王亚平用一个金属圈伸进水袋里，当金属圈拉出来时，圈上套着一层漂亮的水膜，当她轻轻地晃动金属圈时，水膜依然结实地黏附在圈上，看到这一幕，地面课堂响起了热烈的掌声。为了验证这层水膜是否结实，王亚平先是轻轻地晃动它，它没有破裂，只是甩出来一些小水滴，这些小水滴被航天员用吸水纸收集走，以避免它们到处乱飞影响设备安全。后来，王亚平试着把一个中国结贴到水膜的表面，看它能不能承受住这个中国结。贴上了，看来这层水膜还是足够结实的！实验展示了液体表面张力的作用。受到内部分子的吸引，液体表面分子有被拉入内部的趋势，导致表面就像一张绷紧的橡皮膜，这种促使液体表面收缩的绷紧的力就是表面张力。在太空失重状态下，水的表面张力会变大。

15.5　太空水球

王亚平重新做了一张水膜，并一点点地往水膜上加水，水膜在一点点地变厚，最终变成了一个亮晶晶的水球。可以看到，水球的中间有很多小气泡，这是因为饮水袋中本身就存在很多小气泡，王亚平用一个注射器把这些小气泡抽出。现在水球看起来像一个透镜，随后王亚平用注射器往水球中间注入了两个气泡。这两个气泡并没有融合到一起，而是单独地存在着。王亚平将带颜色的液体注入她刚刚制作的水球中，当红色的液体在水球中慢慢地散开，水球由透明变成红色，因为没有重力，染料就没有固定去向，因而很快向四面八方均匀扩散。在太空实验中进行材料融合实验，得到的合成材料的分子、原子分布均匀度高于地球上。

16. 航天员出舱后要坐"轿子"

看过神舟号飞船返回舱落地的电视画面的观众，一定会记得航天员返回地面后，一般都是由工作人员把他们从返回舱中抬出来。不少人会觉得久经锻炼，身体如此强壮的航天员为什么还需要被人抬出来呢？

这要从他们的身体变化说起。众所周知，人类是一种生活在地球表面、在地球重力（引力加速度在 9.8 m/s^2 左右）影响下的动物，重力对人体的演化和结构有着极大的影响，它的巨大变化会给人类带来无法想象的冲击。在航天任务中，主要有如下几个方面的影响：

16.1　空间适应综合征

进入太空后，失重情况下所有东西都会漂浮，人类也不例外。这导致人类无法区分上下前后左右东西南北，脑部前庭系统和相关神经会出现紊乱，直接表现就是无法抑制的恶心（类似晕车晕船）。虽然每位航天员都经过了各种异常艰辛的训练，能够克服这些生理反应，但他们的大脑依然认为自己处于完全失控的失重状态。返回地球的过程只有半个小时，远远不够大脑调整回来对空间方位和重力影响的适应，站起来时人好比醉酒一般，摇摇晃晃找不到方向。

16.2　骨头和肌肉的质量缺失

这是最致命的影响，长期待在太空后，人类的肌肉和骨骼会不断流失。一个外部反应是：执行任务的航天员脚都会大量脱皮（没有重力和走路压迫，角质和硬质皮肤掉落），变得像婴儿皮肤般鲜嫩。但更重要的则是身体内部的变化，主要体现在骨头和肌肉上，由于缺乏运动和重力，身体负担极小。进入太空后，人体会急速流失这两种重要身体结构。例如，神舟十一号航天员景海鹏和陈冬他们在太空中待了 5 周（33 天），身体极有可能已经丢失了大约 10% 的受力的骨质和 20% 的肌肉。丢失肌肉还可以接受，但骨骼的流失是非常危险的，返回地表后，人体不仅要重新承担自己的体重，还要承受总重大约 20 千克的舱内服，这导致航天员如果剧烈运动便极易骨折。所以自己出舱简直是玩命，即便抬他们出来的人也得特别小心，毕竟这两个曾经的铁人回来之后暂时都是"玻璃人"。

16.3 体液重置

在地球表面时，体液在重力作用下会更多集中于身体下部。但到太空一切都不一样：这些体液更倾向于均匀分布在全身，最明显的变化就是上肢的体液变多，在脸部就可以看出。这种体液变化对人体的影响会非常大，尤其是对心脑血管。脑颅内的压力会增加很多，血压也会升高。眼球的压力会增大，视力会受到影响，味觉和嗅觉系统也会受到很大干扰。体液循环和血液循环都会被身体强行调整，以适应这个变化。如果回到地表，这些循环系统是短期内无法恢复的，这也是为什么所有的航天员都要躺着回来，一方面为了适应超重和振动冲击，另外一方面就是为了适应体液、血液循环的巨大变化。

16.4 重返地球的时间非常短

一般航天器在降落到80千米左右时，在航天器高速和大气密度的作用下，航天器开始剧烈升温，出现剧烈晃动，重力作用也开始显现（事实上出现的是超重）。这个过程非常恐怖，航天器变成一个火团，剧烈晃动。而且由于空气高温下的电离作用，航天器与通信系统失去联系，进入黑障区，这个过程要10分钟至15分钟才能降回地球。所以，不管你在太空中已经失重了多久，你最多只有30分钟时间去迅速适应重力，更何况前15分钟是处于黑障区超重，这对已经脆弱不堪的航天员身体影响非常巨大。

综上所述，世界各国的航天员返回，尤其是长期驻留太空的返回，是八抬大轿般被请出来的。

17. 国际洞穴训练中的中国航天员

首次参加欧洲航天局（ESA）洞穴训练的中国航天员叶光富圆满完成各项任务，在15天的训练时间里6名航天员（美、俄、中、日和西班牙）在意大利撒丁岛复杂的地下洞穴内进行了探险、勘查和测绘等活动，并完成了采集洞穴样本、寻找生命等一系列科学实验。洞穴与外界隔绝，环境黑暗、潮湿、阴冷，队员们每天要进行高负荷、高风险的攀爬、勘察、测绘等任务。叶光富说："各国航天员密切协作，最终顺利完成了任务，取得了良好训练效果。"

17.1 选择洞穴训练的原因

这是因为洞穴可以从多个方面来模拟航天环境。黑暗和陌生的洞穴内部，航天员们需要彼此依赖，像在国际空间站一样，更有效地与地面进行联络并协作完成任务。比如狭小的洞口与狭长的洞穴通道，很像狭小密闭的航天飞行器；复杂多变的地形、崎岖不平的地貌，呈现出独特的三维空间，又让人仿佛置身地外星球；洞内隔绝的黑暗环境与人工光源，会改变人对时间和色彩的感知，可造成与太空中相似的昼夜生理节律紊乱；在洞穴行进时要使用金属挂钩和绳索，这项操作与进行太空出舱活动中的安全措施类似；在洞穴探索期间还要完成采集生物样本及水质土壤等，也高度还原了地外星球科学探索任务。最重要的是，通过一系列的洞穴探索，可以模拟长期航天任务中将要面临的心理压力，这正是航天员需要通过训练协作来克服的。经过近几年的实践，洞穴训练被认为是一种非常有效的训练手段。其训练理念对我国创新和发展航天员训练的方法与技术也具有很好的借鉴和参考作用。

17.2 训练流程

参加洞穴训练的航天员要用一个星期的时间来熟悉彼此，学习如何在迷宫般的地下洞穴里定向、探索、测量、研究和记录走向，这个周期内，他们只能住在封闭的空间里。在封闭空间预备训练期间，队员们要学习安全守则、洞穴拓展技术、洞穴勘测和探索、定向技术。队员们还要学习洞穴摄影术，这样可以用照片记录自己的探索和科考活动，并为自己的科学工作留下影像记录。在这第一周里，组员还会得到指导，学习如何作为团队一员——无论是作为领导者还是作为跟从者来工作和处理问题。哪些设备是必须的？组员要带多少食物进入地下空间？洞穴训练学员要负责食物储备并仅有一次补给机会，这对团队的决策能力提出了要求。

集训的第五天，组员开始了为期六天的地下探险。在长达 5 个小时的地穴行走中，组员们跟随在教官和安全员后面，沿着钢索和攀爬绳进入宿营地。教官要负责整个复杂行程的安全工作，并给出实用技巧方面的指导。队员们要在距离入口 6 小时行程的地方设置帐篷营地。这里可以得到饮用水，也是他们在 6 天中睡觉的地方。队员们要从这里出发实施探索及科学任务，并返回这里就寝。与在国际空间站一样，队员们每天早上都要开当日计划会，每天晚上则要开成果汇报会并讨论次日工作。每天的行程是围绕时间线展开的，如同空间飞行任务一样。

17.3 叶光富的出色表现

参加洞穴训练的航天员叶光富经受住了多重考验，成功完成了任务，展现了良好的精神风貌和优秀的综合能力素质，得到了整个乘组的深切信任，受到国际同仁的高度称赞，这也充分体现了我国航天员选拔与训练的技术水平。

图 1-11 叶光富（前排左一）与队友

欧方决定由叶光富来命名一段新发现的区域，他将其取名为光明通道。光明本身象征着希望，尤其对于身处"黑洞"之中的航天员来说。为了便于其他乘员记住自己的名字，叶光富曾和队友开玩笑地说，"叶"的发音类似"Yeah"（是），"光富"的发音类似"Kunqfu"（功夫），生动解读了自己名字的同时，也传播了中华文化。

18."刀枪不入"的宇宙服——"飞天"航天服

航天服也称宇宙服，是载人航天中航天员穿的一种服装系统，是保障航天员生命安全最重要的个人救生设备。刀枪不入仅是形容罢了，其实际功能刀枪根本无法与它相比。

图 1-12　航天服

18.1　举足轻重

　　一套航天服能提供给航天员一个适合他生存的环境，这是具有何等举足轻重的作用！它可以防护空间的真空、高低温、太阳辐射和微流星等环境因素对人体的危害；同时，在真空环境中，人体血液中含有的氮气会变成气体，使体积膨胀，如果不穿加压气密的航天服，就会因体内外的压差悬殊而危及生命，当然还要供给航天员所必需的氧气并消除二氧化碳，应付太空中的意外事故等，航天服是称职护卫者。

18.2　"飞天"航天服

　　航天服的种类，从功能上看有舱内航天服和舱外航天服两种。舱内航天服的结构和功能比较简单，通常是为每一位航天员"量身定做"的。舱外航天服结构复杂，具有更加全面的防护性能和功能。再从服装内压上看，有低压航天服和高压航天服之分；结构上，则可分为软式、硬式和软硬结合航天服。航天服是目前世界上最贵的服装。

我国自行研制的航天服，也有舱外航天服和舱内航天服两种，定名飞天航天服，"飞天"两字由时任中共中央总书记的胡锦涛题写。舱内航天服是航天员在载人航天器内使用的航天服。航天员在航天器发射、返回和在轨道运行期间发生密闭舱失压等事故时，必须穿上舱内航天服。航天服因具有充压和加压的重要功能，能起到保护安全的关键作用。舱内航天服一般由航天头盔、压力服、通风和供氧软管、可穿脱的手套、靴子及一些附件组成。舱外航天服是航天员走出航天器到舱外作业时必须穿戴的防护装备。舱外航天服就像一个航天设备，能隔开航天员与恶劣的舱外环境，在太空中为航天员建立类似于地面的日常环境，有效地保障航天员正常的舱外活动。可以说，舱外航天服实际上是最小的载人航天器。舱外航天服主要由外套、气密限制层、液冷通风服、头盔、手套、靴子和背包装置等组成，是一种多层次、多功能的个人防护装备。

据介绍，飞天舱外航天服的组成情况是这样的：质量120千克，颜色白色，造价约3000万元人民币。组成用料软硬结合，从上到下依次是头盔、上肢、躯干、下肢、压力手套、靴子。四肢装有调节带，通过调节上臂、小臂和下肢的长度，身高1.6—1.8米的人都能穿。耐力可支持4个小时舱外活动，并可重复使用5次。

上肢关节巧妙地利用仿生结构，使关节活动更加自如。手腕处装有一面小镜子，航天员可以通过它随时察看自己身上的各种开关。

背包高1.3米，是航天服穿脱（进出）的密封门，在背包壳体内安装舱外航天服生保设备，背包壳体下端安装有挂包、备用氧瓶等。背包关闭要通过拉紧钢索和操作关闭手柄来完成。

经过科研攻关，"飞天"航天服头

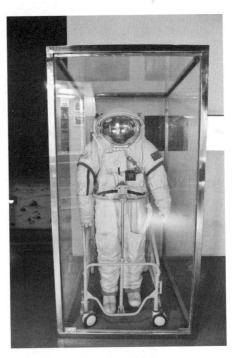

图1-13　航天服

37

盔的视野比其他同类产品要大。头盔上还有摄像头，可拍摄航天员出舱操作。两侧各一照明灯，可照亮服装胸前部分。两侧还有报警指示灯，一旦服装出现泄漏，报警灯会闪烁，同时还有语言报警。面窗有4层，2层为充压结构，2层之间充高纯氮气，防结雾，外面是防护面窗，滤光面窗，对太阳光折射率低，迎着光照面时可拉下它。

手套为每位航天员量身定做，看上去特别厚实，有点像拳击手套。外层为纤维织物，有两层气密层，使用特殊隔热橡胶材料，能耐受高温到100℃。指尖部分，只有一层气密层，保持触觉。手指背部内有两层真空屏蔽隔热层。在手心握物部位设置有凸粒状橡胶，主要为防滑。手套可握住直径25毫米铅笔粗细的东西。手背有可翻折的热防护盖片，用于覆盖手指部位，提高此部位的热防护能力和保证手指的关节活动性。

19. 太空加油实录

下方是人类栖居的水蓝色星球，上方是漫无边际的墨色星空，中间两个钢铁巨物紧紧"相拥"，源源不断地进行着"养分"输送。这是天舟一号货运飞船顺利完成推进剂在轨补加，将数百千克燃料输送到天空二号空间实验室的情形。

这个距地面393千米高度的场景，是中国人在为千万里之外的航天器做着延续生命的尝试，人类的航天梦想也愈加恒久绵长。

19.1 太空加油难点

太空加油难度极大，上不搭天，下不着地，如何才能实施？其难点有下面这些：

难点一，压气机要具有很强的空间环境适应性和高度集成化、小型化，并要确保长期可靠运行，这在国内无研制经验可供借鉴。

难点二，要确保接口在低温环境里密封，推进剂如果泄露，就会自燃或污染飞行器。

难点三，天地差异大，温度环境复杂，要利用有限的参数，精准判断管道漏率，确保补加安全。

难点四，推进剂补加时，要准确控制流速，及时预报补加量，采取多种

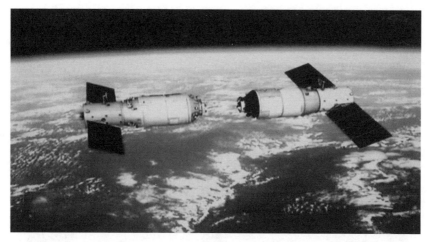

图 1-14　太空加油模拟图

可靠性措施，确保补加安全可靠。

难点五，推进剂易挥发，每次加注完需要把管道里剩余推进剂进行吹除，同时吹除过程中要尽可能不污染飞行器表面。

难点六，推进剂分为燃料和氧化剂两种推进剂，两者不能"见面"，否则会发生爆炸，所以推进剂补加系统实际是由燃料加注系统和氧化剂加注系统两套独立系统组成的。

19.2　突破"太空加油"技术

完成太空在轨推进剂补加，也就是通常所说的"太空加油"，是天舟一号最重要的使命之一。太空加油技术是由航天科技集团六院 801 所研制团队独立攻克的。近 10 年里，他们从零起步，经过方案论证、系统设计、单机研制、系统试车、可靠性试验等数不清的阶段，将中国人的"太空加油"梦想一步步变成现实。

"既要保证它们能准确地对接，又要满足密封的要求，决不能泄漏一星半点的推进剂。"为此，801 所设计团队通过设计仿真和多轮地面试验验证，摸索出了检漏方法，让在轨补加前的检漏工作有章可循。

由于太空环境的复杂性，在轨补加技术没办法在地面模拟试验，到底能不能行，只能太空中见分晓。离预定的在轨补加完成时间还有不到一刻钟，天舟一号的首次"加油"任务并未出现任何意外。

19.3 阔步走向空间站时代

天宫二号与天舟一号第一次推进剂在轨补加试验顺利完成，天舟一号飞行任务取得圆满成功，正式叩响了"长期空间站"的大门。因为空间站在太空运行，依然受到空气阻力的影响，空间站的轨道高度会缓慢下降。

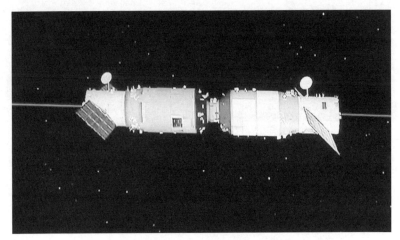

图 1-15　天宫二号与天舟一号

要保持原有的高度，就必须消耗燃料推动空间站上升，这就需要地面发射货运飞船为空间站进行燃料补充。如今，中国人实现了太空加油梦，找到了为空间站延续生命的途径。天舟一号任务完成后，中国将正式迈进空间站时代。

20. 航天育种成就丰收景

2018 年是我国开展航天育种实验 31 周年。1987 年 8 月 5 日，我国成功发射了第九颗返回式卫星，这颗卫星除了完成既定的科研任务外，还破例搭载了辣椒、小麦、水稻等作物种子。正是这颗卫星拉开了我国航天育种的大幕。

20.1 什么是航天育种

航天育种是航天工程育种的简称，又叫空间诱变育种，是航天技术、生物技术、农业育种技术集成创新的新技术手段。航天育种就是先把种子送上太空，种子从上天环游太空到返回地面选育再到结出果实，要经历一个复杂的过程，大致可以分成三步。

第一步——地面选种

选择什么样的种子搭载上天，要
经过多重筛选。因为搭载资源非常有
限，每次也就是一两公斤的量。因此，
搭载的种子在纯度、净度、发芽率、
水分含量上要符合国家作物种子质量
标准。每份搭载种子数量，小粒作物
一般在 3000 粒以上，大粒作物一般在
1000 粒以上。

第二步——空间诱变

利用卫星和飞船等航天器将植物
种子带上太空，再利用其特有的太空
环境条件对种子进行诱变，产生各种

图 1-16 太空育种科幻图

基因变异。事实上，每一次植物种子进入太空后，其基因变异的类型、频率
是随机、不可控的，每 1000 粒种子中大约能获得 5 粒发生有益变异的种子。
但这个看似很低的变异概率，已经远远超过只有二十万分之一的"自然变异"
水平了。

第三步——地面选育

正是因为基因变异的不确定性，当环游太空的种子回地面后，育种专家
会进行地面选育工作，包括地面种植、观察、突变体筛选、遗传稳定性鉴定
等，大概需要繁殖三四代进行观察和筛选。

20.2 为什么选择航天育种

育种的方式有很多，但倾全力投入航天育种是因为确实有其独到之处。
植物在自然界的突变率非常低，通过自然变异方法要从作物中选出一个变异
株，需要相当长的时间。但通过航天搭载、空间诱变这些特殊手段，就能把
几十年、上百年的变异过程压缩在七八天、一两个月或者一两年的时间内
完成。此举既加快了农作物种子的变异过程，缩短了选育周期，又丰富了
育种材料。搭载上天的一个品种，返回以后经过 4 代选育，一般就能选育出

41

3—5 个甚至更多的变异株来，这大概就是四年左右的时间。除了加快变异、缩短育种周期外，航天育种作物的营养成分和抗性也得到大幅度提高。

20.3 太空作物品种多

我们国家已经选育成功、推广应用的太空植物，其种类、数量都已非常之多，全球任何一个国家都无法与我们相提并论。这个全新的"中国号"太空作物家族，已经非常壮大了！我们不妨简单罗列和描述一下这些太空作物的类别和特点：

一是太空粮食作物。太空水稻，已经形成多个稳定品种，普遍具有穗大粒饱、优质高产，平均增产 5%—10%；太空小麦，已经形成矮秆、丰产早熟的稳定品系，产量比普通小麦高 10%—15%；太空玉米，每株能够结出 6 个左右的玉米棒，味道比普通玉米好得多。还有太空大豆、太空绿豆、太空豌豆、太空高粱，个个都有精彩亮相。

二是太空蔬菜水果。太空青椒、太空黄瓜、太空菜葫芦、太空樱桃、太空番茄，还有太空茄子、太空西瓜、太空萝卜、太空大蒜、太空甘蓝……不但是个头大、口感好、营养成分高，而且有的还能出现颜色上的精彩异变。

三是太空林木草灌。目前有太空油松、白皮松、石刁柏，以及杨树、红豆杉、美国红等，太空草类种子有紫花苜蓿、沙米、红豆草等。

四是太空经济作物。除了有太空棉花、太空烟草、太空芝麻等这些"大宗作物"外，还有另外一个同样已经兴旺发达、能够产生经济效益的"小家族"，就是太空观赏花卉。如太空百合、金盏菊、一品红、太空孔雀草等经过地面科技专家艰苦而漫长的精心选育之后，已经有 200 多个品种通过国家和省级审定，还有 3000 多个品种正在顺利进行地面选育。

21. 开创中国商业航天新篇章

经过半个多世纪的发展，中国航天已逐渐揭开神秘面纱，向大众化、商业化、生活化发展。开展商业航天，让太空项目惠及全人类，是每个航天人内心最深处的信念。为此，2016 年 10 月 19 日，中国长征火箭有限公司在北京正式揭牌成立。未来，中国长征火箭有限公司将开展商业航天活动，让航天服务走进大众生活。

21.1 什么是商业航天

中国航天科技集团公司总工程师孙为钢认为，在法律准许范围内，遵循市场规律，涉及航天领域商品交换的经济活动。"这个商业航天的定义比较宽泛，涵盖的范畴大，有利于有志航天者介入航天，最终有利于航天事业的发展。航天服务则主要包括发射服务和为航天提供金融服务。"

21.2 中国火箭公司将创新商业航天

打造商业发射服务、亚轨道飞行体验、空间资源利用三大业务。

业务1：航天发射服务，推出"太空专车、太空顺风车、太空班车"服务。太空专车：根据用户指定的时间及轨道，中国火箭公司将提供专属发射服务。太空班车：在指定的时间和地点同时搭载多颗卫星进行发射，用户可以像乘"班车"一样用最优的价格完成发射任务。太空顺风车：根据发射主任务的剩余运载能力，提供在指定时间、指定轨道的发射服务。用户乘"太空顺风车"可以用相对优惠的价格，实现搭载发射。

业务2：亚轨道飞行体验，人类对太空一直有很多的想象和期待，而这些想象也有可能会变成现实。中国火箭公司将提供亚轨道太空边缘观光、长时间临近空间体验、失重飞行体验、洲际太空旅游等服务。这样，普通人也能

图 1-17　太空旅行幻想图

体验到新奇和刺激的失重感，欣赏如科幻大片般的太空风光。

业务3：空间资源利用，利用空间资源是商业航天用户的重要需求，中国火箭公司将通过一系列的产品和服务，为用户提供多元化的空间资源利用解决方案。例如，通过轨道维持延长飞行器的服务寿命；为用户提供空间探索的试验平台；还可以提供包括轨道间的货物运输、轨道伴飞、碎片清理、太空轨道救援等多种服务。

同时提供多项产品服务：

产品1：5款火箭供用户选择。中国火箭公司为市场提供了5款商业火箭产品，这5款火箭的性能各有侧重、相互匹配，可以为用户提供更自由的选择。而且，开通90天的发射服务周期，每年至少开1次"太空班车"，商业火箭的发射服务价格比传统价格降低30%，打造年50发的生产和服务能力。

产品2：亚轨道飞行器助你上太空，地面模拟训练帮助游客做遨游太空前的热身。亚轨道飞行器：使游客在欣赏宇宙美景的同时，尽情享受太空失重的奇妙感受。VR体验设备：360度全方位观察太空奇观。太空港娱乐：近距离感受与地心引力的对抗。

产品3：轨道服务产品系列。利用多款"太空摆渡车"提供多样化在轨服务；轨道机动服务的"乘客"可以轻装上阵，享受一站式抵达；在多星部署服务中，多名"乘客"可以"拼车"，前往太空；在轨服务可以提供空间加油站，延长"乘客"在轨时间；提供空间碎片清除、废弃航天器离轨等服务。

21.3　回顾与前瞻

中国航天人已经在商业航天领域耕耘了28年。28年来长征系列运载火箭共进行了50多次国际商业发射活动，先后将60多颗卫星成功送入轨道，成功率达95%以上，发射技术和可靠性均处于国际领先水平。中国航天人用智慧和汗水、担当与毅力，在商业航天历史上打造了"长征"这一国际知名运载火箭品牌，打破了航天强国的商业发射绝对垄断地位。长征火箭将迎来新起点，意味着中国火箭的商业化时代正式来临，商业航天必将引发社会生产、生活方式的一系列变化。

22. 太空机器人有国产的

1950 年，世界上第一台用于生产的工业机器人诞生。从那时起，机器人就成为了人类的好帮手，出现在地球的各个角落为人们排忧解难，今天他们的身影甚至出现在了太空。我国国产太空机器人继 2014 年 8 月在中央电视台节目中首次亮相后，又参展 2015 世界机器人大会，受到观众的追捧。锁定目标、靠近、捕捉、注液……轻巧而连贯的动作，空间机器人与目标卫星之间"如梦似幻"的"太空之舞"，令现场观众大开眼界。

如名叫"太空医生"的全自由度空间机器人，其两个机械臂相当于人的两只手，通过"左手"完成对卫星的抓取和连接，再通过"右手"顶上的加油枪完成对卫星的加油工作。说来轻松，可在太空失重环境下，整个过程就变得复杂了许多。在空中加油和在地面给汽车加油不一样，首先要对得准。但如果是对一颗失效的、没有燃料的卫星，它是不能提供合作的，所以这种对接甚至要比天宫和神舟的对接更难。完成每一次任务，每一次操作，机器人的动作轨迹都是不一样的。虽然过程艰难，但这样的燃料补加对很多航天器有着重要意义。许多卫星本身情况良好，仅仅因为燃料耗尽就不得不废弃。如果有了这样的空中加油机器人，就能让燃料耗尽的卫星"起死回生"。

再如"数据手套"，穿戴在人手上可覆盖大臂、小臂、手掌和每个手指，实时准确获取人手所有关节的角速度、加速度、姿态、位置等运动信息，并将这些运动信息通过无线传输给机械手臂的运动单元。结合机械手臂遥操作的控制算法，利用手臂的运动控制机械臂，手指的运动控制机械手，把人手的运动控制反映到机械手臂的操作空间，从而实现机械手臂像人手一样灵巧的操作。基于这种新型"数据手套"对机械手臂的遥操作系统，未来的航天员或地面工作人员通过穿戴的数据手套就可以操作空间站外的机械手臂，完成空间站的检修、搬运等任务。

上述两种太空机器人都是由中国航天科技集团公司五院 502 所自主研发的。早在 2013 年，502 所瞄准未来空间在轨维修维护的需求，看准空间智能机器人的发展良机，主动出击，组建起了空间操作控制联合攻关团队，先期开展了空间操作自主控制关键技术攻关，完成了包括近距离逼近、安全停靠、双臂自主抓捕和模拟在轨加注的临近操作全过程地面物理试验，仅用一年时间就成功迈出了空间智能操作控制的第一步。

23. 中国发出航天"好声音"

在主题为"太空——通向人类未来之门"的第 66 届国际宇航大会上，世界各国同行非常关注中国航天的发展情况，都期待着在会议上能够听到中国发出的航天"好声音"。不负众望，时任中国航天局局长许达哲详细介绍了我国运载火箭、月球与火星探测、载人航天、空间基础设施等航天工程的进展及后续发展计划，重点阐述了航天工程及空间科学探索、空间技术应用，并发表了对航天国际合作的见解。许达哲特别指出，中国航天活动是开放的，欢迎各国同行参与中国月球探测、火星探测计划。

中国载人航天工程总设计师周建平做了题为《中国空间站工程》的报告，介绍了中国载人航天项目背景、中国空间站工程进展、空间站应用及空间站国际合作的有关情况。报告反响强烈，与会者踊跃提问，对中国空间站的建造和应用、空间望远镜建设及国际合作表示了极大的兴趣。空间运输委员会特邀中国代表参加"促进商业、科学和人类扩张的空间运输能力和未来方向"的全体讨论会。空间运输委员会主席认为，关于空间运输方面的议题，不能缺少中国的参与。来自不同公司的嘉宾都认为未来可重复火箭技术是降低航天发射成本的关键，因此应当在这方面共同努力。

来自中国运载火箭技术研究院研发中心的申麟副总设计师就中国运载火箭的未来发展、低成本发射、重复使用运载器、中国的商业发射以及私营企业投资航天工业等方面阐述了自己的观点，使与会者对中国航天运输系统有了较全面的了解。很多会议代表在会下交流沟通时，表达了希望与中国开展合作的意愿，包括发射载荷以及先进技术的合作研究。

目前共有 19 名中国专家在宇航联执行局、管理委员会和技术委员会中任职。特别是，中国航天科技集团公司科技委副主任于登云担任 IAF 副主席，中国空间技术研究院副院长李明担任 IAF 指导委员会委员，中国专家在国际宇航联的任职和履职，彰显了中国航天在国际组织上的话语权和影响力不断提升。

另外，当年的大会上，共录取论文2129篇，其中中方被录取论文242篇。录用论文排名前五名的国家分别是美国、中国、意大利、德国、俄罗斯。其中航天科技集团公司的论文占中方录取数的一半以上。从论文投稿和录取率上看，中国均是第二名，与中国作为航天大国的地位是匹配的。中国航天发出的"好声音"世界瞩目！

24. 神舟飞船上的细胞培养

我国科学家在神舟号飞船上对4种细胞进行培养，着重于细胞分泌产物的药用价值研究和细胞组织培养技术研究。由实验结果可知，NK92细胞在空间生长得又快又好，能聚集成较地面更大的团块。此外，我国科学家还利用地面微重力效应模拟装置建立了软骨、骨和肝组织等的三维培养模型。

细胞培养技术有两个科学目标，一是生物制药，利用某种特定细胞在生长、繁殖过程中的代谢分泌产物，研发预防和治疗某些疑难疾病的特效药物。二是从细胞学角度认识生命过程，乃至探索人造生物器官、生物部件，调控生物正常生长过程和再生过程等，服务于现代医学中的组织修复治疗，提高人类的健康水平。但在地面研究中发现，从人体组织中分离的离体正常细胞只能二维、平面地生长为细胞单层，具有"接触抑制性"，换句话说，在地面上，离体细胞只能二维、平面地生长，很难实现体外培养一个可供使用的生物组织器官，这限制了生物技术组织工程的实用化发展。而在空间实验中发现，微重力环境下，细胞生长的"接触抑制性"趋于消失，通过设计合理的空间生物反应器，有望在空间生长出三维、立体的离体细胞和组织器官，从而提供用于组织修复的工程化组织和用于药物筛选的肿瘤模式组织。

人的身体由100多万亿个细胞组成，这些细胞构成了各种组织，组织进一步形成了各种器官。1885年，W.鲁克斯用温生理盐水在体外培养分离的鸡胚组织存活数月，开创了组织细胞培养的先河。近年来，国际上正在兴起一门新的学科——组织工程，它标志着医学将走出器官移植的范畴，步入制造组织器官的新时代。

组织工程也称为"再生医学"或"人体零部件加工厂"，是运用生命科学和工程学的原理与技术研究、开发组织器官的生物替代物，用于修复、重建和改善因病变或损伤而丧失或衰竭的组织器官的功能。其核心是动物细胞三维培养技术。

在太空，由于处于微重力环境，大大小小不同的组织细胞可以均匀悬浮，在三维方向自由生长，不会因为密度的不同导致不同的沉降速度，影响彼此间的接触与沟通。20 世纪 80 年代末，美国研究人员开创了微重力组织工程，迄今已对广泛类群的细胞开展了空间研究，并取得了可喜的进展。2007 年，以色列科学家采用三维培养技术研制出世界上第一颗会搏动的"微型心脏"，由此可见，细胞三维培养与组织工程正在不断绽放出灿烂的花朵。

可以预见，哺乳动物细胞和组织三维培养体系的成功建立，将为人类组织细胞移植提供丰富的材料，摆脱依赖人类机体移植的种种限制。有朝一日，如果有人失去了耳朵，不用担心，科学家可以帮他重新长出一只耳朵；肝脏坏了，也可以给他安装一个通过移植肝细胞和合成纤维制造的"新器官"；糖尿病患者无须再频繁地注射胰岛素，因为他们有了可用的生物替代"胰腺"……这不是幻想，而是在科学家的努力下正在逐步成为现实。

我国科学家在神舟号飞船上进行的细胞培养，也正是为制造新器官添砖加瓦，做出努力！

25. 练就蛟龙入海潮——中国首次组织中欧航天员海上救生训练

2017 年 8 月 21 日，我国首次组织的航天员海上救生训练在山东烟台市附近海域圆满结束。这是我国航天员首次在真实海域开展救生训练，也是外国航天员首次参与由我国组织的大型训练任务，共有 16 名中国航天员和 2 名欧洲航天员参加。尽管当前中国的飞船都是在陆地着陆，但地球表面 71% 的面积被海洋覆盖，在紧急情况下返回地球时，海上降落的可能性极大。尤其是在我国载人航天工程已进入空间站工程建设阶段，航天员的海上救生训练亟待加强。

我国首批及第二批共 16 名航天员参加了训练，其中杨利伟、费俊龙、聂海胜、翟志刚、刘伯明、景海鹏、刘旺、刘洋、张晓光、王亚平、陈冬 11 名执行过载人航天飞行任务的航天员均参加了此次训练。

25.1　训练顺利

训练内容主要分为理论培训、单项操作训练和综合训练。其中，单项操作训练包括个人救生装备使用、穿脱舱内航天服、救援船和直升机保障装备使用等；综合训练包括海上自主出舱、海上生存、海上搜救船营救、海上直升机空中悬吊营救等。

综合训练是这次海上救生训练的重点。训练假定飞行乘组 3 名航天员乘载人飞船应急返回溅落海面，在海上搜救力量还未到达，且由于返回舱发生故障，航天员必须出舱，但时间足以满足航天员在舱内更换抗浸服时，航天员按照既定流程实施自救与互救。

飞船落在海上，舱内的航天员并不好受。返回舱在浪涌中摇摆，加上舱内空间狭小、天气炎热，航天员会感觉不适，甚至想吐，这些困难都需要克服。训练期间如果遇上风平浪静的"好天气"，为了达到训练效果，工作人员还会用救助艇在周围"造浪"。

本次训练任务是我国首次开展的航天员海上救生训练，更是首次中欧航天员联合海上救生训练。训练过程中，全体参训航天员能够克服高温暴晒、风高浪急、身处陌生海域等实战考验，严格按规定的程序、时间、科目、内容完成好每一项训练，表现出了坚韧不拔、吃苦耐劳、通力协作的意志品质和挑战自我、超越自我、迎难而上的良好精神风貌。

25.2　高度评价

航天英雄杨利伟参加了本次海上救生训练，作为训练的亲历者，他表示训练中不同领域、不同行业的人员表现出了良好的素质。欧方的两名航天员拥有非常优秀的品质，值得我们学习。他们到了一个陌生的地方进行训练，能和大家融为一体，不分彼此，取得了非常好的成果。

航天员系统选拔训练责任人则表示，通过训练，进一步验证了航天员海上救生训练方案、海上营救方式、航天员海上自主出舱方法与程序设计的合理可行性、训练方法的科学有效，为空间站任务应急搜救奠定了坚实基础。她同时表示，此次训练为载人航天领域国际合作探索出了行之有效的组织实施措施，为开展国际合作积累了宝贵经验。

意大利航天员萨曼莎·克里斯托弗雷蒂用令人吃惊的流利中文向记者表

达出自己的感受："我觉得所有的操作很顺利、很安全、中国航天员和欧洲航天员在中国一起训练，团队合作非常好！"萨曼莎表示，自己也曾参加过海上救生训练，但是是在湖里进行，风浪很小。"这次有机会能到大海里面来参加海上救生训练，非常幸运。"

来自德国的航天员马蒂亚斯·约瑟夫也对这次中国之行表示了肯定："中国航天员训练的质量跟欧洲一样高！整个训练非常安全，让我很放心。"

中国航天员科研训练中心作为本次训练的直接组织及实施方，全方位锤炼了任务综合保障能力，探出大型外场驻训任务保障的新路子，经受了实战检验。

26. 名副其实的空间实验室——天宫二号

天宫二号空间实验室，首次执行为期 33 天的飞行。期间，航天员需完成航天器巡检、组合体照料、大量在轨试验和实验研究等任务。如何高效维护航天员在轨健康和工作效能等任务是极其重要的关键环节。下面仅作简要介绍。

图 1-18　神舟十一号与天宫二号对接示意图

26.1　航天员健康保障

经过一个月的失重飞行，航天员心血管功能下降至峰谷，肌肉萎缩和骨质丢失更为明显，出现睡眠障碍疲劳、感染、胃肠道病症及心血管功能失调等不适和应急医学问题的几率增高，长期进食预加工食品还将带来营养供给不足的风险。在心理方面，虽然在太空中航天员产生严重心理问题的可能性较小，但密闭狭小的空间、只有 2 个人的高负荷工作，不排除飞行中后期可能出现情绪和人际关系的问题。针对上述在轨健康新风险，我们在以往地面和飞行试验成果的基础上，从医学健康监测与保障、失重生理效应防护、营养保障、心理保障等方面，系统实施保障。

医监医保：在飞行关键时段，实时监测航天员关键生理指标，其他时段，采取定期与按需相结合的模式，及时准确评估航天员健康状态，针对本次心血管健康风险增加的特点，加强了对心血管功能的评估措施。

在医学保障方面，针对长期密闭环境带来的座舱微生物繁殖污染风险，完善了微生物控制与清洁措施，确保环境清洁，减少感染疾病风险。针对心血管系统功能失调风险，强化"太空养心丸"心血管保障措施。

在轨疾病诊治方面，基于飞行任务时长和乘组人员特点，综合分析了我国大型地面试验及以往飞行数据、国外载人航天资料等，制定医学预案，增配了治疗泌尿系结石等飞行时间延长带来的新疾病的药物。同时，增加远程医疗天地协同会诊，增强对国内优势医疗资源的调配，共同保障对在轨航天员可能发生的医学问题诊治。

航天员返回后，存在重力再适应问题。针对飞行时间延长，再适应能力将进一步下降的问题，进一步优化了出舱模式。同时，在着陆场、后送途中和返回后恢复期间也增强了前庭平衡功能、心血管及肺功能改变、肌肉萎缩及骨质丢失、疲劳等飞行后突出医学问题的医学保障。

失重生理效应防护：神舟十一号飞行任务航天员将在轨飞行 1 个多月，失重生理效应更加凸显，其中心血管系统变化达到最大，对骨骼肌的影响也更加显著。为此，综合利用了套带、企鹅服、自行车功量计和拉力器装备，从缓解改善体液头向分布、减少心血管脱锻炼效应、增加肌肉静态／运动负荷等方面进行了综合防护，返回前口服补液，提高立位耐力。飞行期间，加强对锻炼防护效果的评估，必要时做出适应性调整。

营养保障：对能量及营养摄入状态进行评估，加强膳食指导，保障航天员在轨营养平衡，并增配营养素补充制剂，确保膳食营养平衡。

51

心理保障：由于飞行时间延长，航天员暴露在狭小、隔离、失重、限制、单调、枯燥、噪声、高风险等航天特殊因素下的时间加长，所以增加了慢性心理应激强度，出现心理不适和第三季现象的可能性增大。针对上述问题，实施常规和按需的个性化专业心理支持，配置心理舒缓系统，调节航天员心情，包括利用天地通话、上下行邮件、短消息、双向视频等手段，与家属、领导、亲友、战友等定期、不定期交流，并利用飞行任务期间节日等特殊事件，进一步调节在轨生活。

26.2 航天员生活保障

飞行时间延长也给航天员在轨生活保障带来众多新要求。以尽可能为航天员提供舒适、多彩的生活环境保证航天员工作效率为目标，从生活场所、就餐饮水、物资存放与管理、垃圾处理、个人卫生清洁、着装、作息制度、睡眠、娱乐等多个方面，对航天员的衣、食、住、娱实施了全方位保障，确保在轨生活品质。

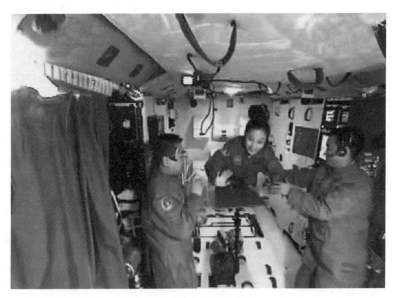

图 1-19 航天员在太空

26.3 航天员工作保障

航天员在轨工作，不仅关系工程效益，关键操作更涉及飞行器和航天员安全，政治意义重大。为减控人误，确保航天员在轨精准高效工作，我们从工作环境、产品人机界面、飞行程序和手册设计、飞行计划管理、天地协同等多个方面给予全方位保障。

27. 与众不同的太空相机

我们或许已看到，当年我国嫦娥四号探测器成功登陆月球背面，随后拍下玉兔二号月球车的一系列照片，清晰又逼真！那么，嫦娥四号上的太空相机和人们日常使用的数码相机、手机摄像头到底有没有区别？

27.1 大有不同

有不少人认为，既然同样是相机，空间使用的相机和人们日常用的相机应该差不多。当然，光学相机的原理的确大同小异，但具体设计却大有不同，空间相机由于所处环境不同，设计重点和人们常见的数码相机有不小的差异。比如色彩校正，这种方法在地面上很少出现太明显的问题，但在太空中就不一样了。由于太空和地面不同的光照强度、目标反射特征和物质成分，在太空拍摄的照片必需进行色彩校正，就像"嫦娥四号"拍的第一张照片并没有进行色彩校正导致严重偏红。为解决太空环境下的色彩校正问题，更有效的做法是携带色标板获取彩色校正系数，拍摄时根据色标板的颜色修正，从而得到目标的真实色彩。因此，太空相机色彩校正一直是相机设计的难点和重点，也是太空和地面环境不同的必然结果。

此外，在太空冷热、真空和辐射等多方面的苛刻环境下，也要付出很多代价，例如温度控制。在太空温度变化剧烈的情况下，温控就成了必须考虑的重大事项。可见光空间相机一般要求 1 度以内的温控精度，红外波段的相机更是要工作在超低温环境下，要么用遮阳罩，要么安装主动冷却装置，也可以两者兼有之。

27.2 成像特殊

人们常用的数码相机，拍照时"咔嚓"一声照片就出来了，但安装在航天器上的相机可没这么轻松，它们携带的相机通常使用线阵 CCD，而线阵 CCD 相机获取的是一行信息，通过逐行连续扫描才能生成一张照片，要是不动就只能扫出来一行，而不是一张照片了，这和人们手机拍照时需要保持相对静止的要求恰恰相反。虽然线阵 CCD 相机无法直接成像，但也有独特优势：一方面是价格低、分辨率高，另一方面是精度高、视野宽广。

27.3　新概念型

目前，包括各种卫星、探测器使用的空间相机和人们在地面使用的数码相机有不小的区别，而未来新概念空间相机和人们使用的数码相机和手机摄像头即使在技术原理上也有了更大的区别！传统光学相机的分辨率指标和镜头口径直接相关，如果要将大型侦察卫星发射到太空，会受到很大限制。因此，科研人员们正在为空间相机研制新概念技术，目的是彻底改变现有空间相机的面貌，尤其是重量和体积。如美国国防高级研究计划局正在研制薄膜型光学即时成像器（MOIRE）技术，如果未来航天器应用先进的 MOIRE 技术，携带 20 米口径相机的侦察卫星，其重量可以减至 5 吨左右。另外，正在研制的分段平面成像探测式光电侦察系统 (SPIDER) 也可以极大地降低空间相机的体积和重量，相比同等成像质量的传统光学相机，应用 SPIDER 技术后相机体积仅为原来的几十分之一。

27.4　"嫦娥四号"上的太空相机

"嫦娥四号"上的太空相机共有四台，其中包括 1 台降落相机，直播降落全程，传送的图片可生动如实地描述着陆器降落的全过程，给人以身临其境的视觉冲击感。3 台监视相机，是对巡视器与着陆器的释放分离过程进行全程监视，实现两器解锁、巡视器驶离连接支架、脐带电缆脱离、行驶至转移机构、释放分离等关键过程的监测，并对巡视器月面工作情况进行监视。这些只有巴掌大小的相机看起来与我们平常使用的数码相机无二，轻的三四百克，重的不过七百克，但集成了光、机、电、热等多项先进技术和自动曝光、实时图像压缩等智能化功能，在太空恶劣的辐射、温度环境下，能承受发射时的强烈冲击和振动，具备动态下清晰拍摄的能力，更具长寿命、高可靠性能，是真正轻小便携的航天智造。

28. 老港的功勋——中国第一枚探空火箭升起的地方

老港，是一个很陌生的名字，但别轻看了默默无闻的老港，这里曾经火箭飞天。由于行业保密等原因，这一发射地一直鲜为人知。尽管如此，老港创造的奇迹却不容忽视，老港做出的贡献可载入史册！

1960 年 2 月 19 日，我国第一枚 T-7M 探空火箭在这里发射成功。据《钱学森年谱》记载：1960 年 4 月 17 日和 4 月 29 日，钱学森曾先后两次踏上老港这片土地，前往探空火箭发射现场观看 T-7M 探空火箭的点火飞行试验，并对科技人员进行具体指导。

我们还能看到，在那荒无人烟的海滩边，一位年轻人站立在发射架下的工作台上，手持着自行车打气筒，用力地把燃料加注到探空火箭里；用一包包沙袋堆成的地堡，就作为指挥发射探空火箭的控制室；钱学森坐在一间茅草屋前的桌子旁，与一群年轻人谈笑风生；在一次探空火箭发射成功后，钱老满面春风地与一群衣着简朴的年轻人在发射架前合影留念；在上海江湾五角场一座国民党战争年代遗留的碉堡内，钱老陪同聂帅一同观看火箭发动机点火试验……看着如此简陋的发射设施和工作条件，却创造了我国首枚探空火箭飞向蓝天的奇迹，从而揭开了上海航天起步和发展的序幕！

老港地处上海南汇区（原南汇县）的东海之滨，在杭州湾凹形的一处滩涂旁，老港离我们并不远，或者说就在我们身边，许多人却不知道它，使得这一航天早期探空火箭的发祥地有点冷僻，有点孤单。除了老航天人还记得它，对它念念不忘、充满感情，社会上一般人根本不晓得上海还有个曾经发射过探空火箭的老港。1997 年，著名火箭发动机专家孙敬良院士等航天人向上海市政协八届五次会议提出议案，呼吁建立老港探空火箭发射地纪念碑。1998 年，建成了第一座纪念碑。如今原先那座很不起眼的老纪念碑已被眼前这座"高大上"的新纪念碑所替代，新建的中国首枚试验探空火箭发射成功纪念碑为大理石材质，有 20 多米高，纪念碑顶端竖立着一枚乳白色的探空火箭模型，纪念碑上的碑文记录了当年探空火箭的研制历史。

今天，中国航天事业的辉煌成就举世瞩目。当我们站在老港这片热土上，回顾中国航天那一段艰难创业的厚重历史，我们会更加怀念中国航天事业奠基人钱学森，愈发感到老一辈航天人热血报国的伟大。老港，建立不朽功勋的老港！

29. 中国，瞄准太空资源！

太空资源十分丰富，其中最重要的是环境资源、矿物资源和轨道资源，而且太空资源相对于人类需求是无穷无尽的，将越来越成为我们生活的重要部分。中国逐步意识到其重要性，在国家建设规划中将航天事业列入重要地位的《国家中长期科学技术发展纲领》、国家"863"科技发展计划都认同航天事业的优先发展。中国政府在 2000 年发表的《中国的航天》白皮书中，强调要着重开发利用太空资源，提高国民经济建设水平。中国政府对未来十年的航天技术发展有一个长期的计划：

一是长期对卫星进行固定的监测。即对小卫星群体进行长期有计划的稳定监测，其中包括对气象卫星系列、资源卫星系列、海洋卫星系列和环境卫星系列的监测，以保证对重要地区及周边地区甚至全球的陆地、大气、海洋的全方位实时监控。

二是形成自我运行的卫星广播通信系统，充分提高商用广播通信卫星的先进水平，通过开发长寿命、高可靠的大容量地球静止轨道通信卫星和电视直播卫星，开辟中国卫星通信产业。

三是真正实施导航定位系统的开发。分步建立导航定位卫星系列，开发卫星导航定位系统，建立中国的卫星导航定位实用事业。

29.1 史实回顾

载人航天工程的空间应用系统自"神舟一号"的发射，至今已经进行了很多次试验。对地遥感的研究，是在 2002 年发射的"神舟三号"飞船上开展的，取得的成就也是有目共睹的，在环境卫星和资源勘探卫星上都有所体现。2008 年发射的"神舟七号"上，科研人员进行了空间技术试验、伴随飞行的小卫星试验，还包括"固体润滑材料空间试验"。2011 年发射的"天宫一号"目标飞行器设计了多个方面的研究内容，包括地形环境监测、空间材料科学实验和空间环境探测实验。除此之外，在空间材料生产上，返回式卫星上生长出掺碲砷化镓单晶体，是我国在航天事业上的一大突破性研究成果，其生长速度比地面快，杂质含量却要少得多，分布也更加均匀。用太空条件下生产的材料加工其他成品，具有性能上的优越性，噪声系数可以降低 31%，相关增益高 23%，凸显了空间生长单晶的优越的应用前景。这个实验使中国在大功率微波元器件和大规模集成电路应用方面具备跨越性发展的条件。

在生命科学研究上也屡见成果，空间活动十分多样。包括细胞培养、蛋白质晶体生长、空间育种等。有例子可以证明：我国科学家发现空间飞行后的纤维素霉和葡萄糖苷酶活力提高28%以上，黑曲霉糖化力和葡萄糖苷酶活力提高80%以上，其稳定性可长达3年。还有一种新的饲料被发明，用其对梅花鹿等动物进行饲喂试验，降低病痛的能力大大升高，鹿茸产量增加16%。经过空间飞行的酵母菌，获得了诱变株酶活力可增加到29%，发酵周期缩短8—10天，在啤酒业也有一定的发展前景。

29.2　评说

根据相关航天事业发展计划，我国即将完成的卫星发射任务包括通信卫星、导航卫星、气象卫星、资源卫星、海洋卫星、环境与灾害监测卫星、天文卫星、空间探测卫星。

我国载人航天工程总设计师明确表明，中国载人航天工程资源开发的根本目的具有和平性，太空资源归属于人类，有助于人类。载人航天工程空间应用系统副总设计师说，"天宫一号"上用于地球环境监测等各方面的高科技应用，其实与老百姓的日常生活息息相关。有关部门负责人还表示，在开发利用太空环境资源这些方面，返回式卫星和"神舟"飞船将成为中国开展太空研究的主要载体。因此在中国载人航天计划中，将太空资源开发利用研究和载人航天的有关效益工程相连接。"神舟"飞船开展大规模的各种生命高科技研究，将开创中国太空资源开发利用研究的新纪元，为我们的明天增光添彩。

30. 神舟与天宫的太空基站——天链一号

手机天线的收发距离并不大，而手机之所以能够随时随地接入移动网络，是依靠移动运营商布置的大量移动网络基站。神舟、天宫等航天器在太空中飞行时，要与地面保持通信，就需要和移动通信基站功能相似的测控站来进行信号传输。由于无线电直线传播的特性和地球曲率的限制，地面测控站所能覆盖的范围有限。据测算，如要实现对神舟、天宫的轨道通信全覆盖，需要在全球建设一百多个测控站，而这几乎是不可能的，在天链一号投入使用前，尽管我国在境外设立了若干测控站，也在海洋上部署了多艘"远望"号测量船，但对飞船轨道的通信覆盖率也只能达到13%。也就是说，在飞船绕地球一圈的90分钟时间里，航天员能和地面通话的时间只有11分钟左右，而地面也不能实时掌握飞船的工作状态。天链一号中继卫星的出现，让天地通信的难题迎刃而解。它是飞船和其他卫星的数据中转站，运行在地球赤道上空36000千米的地球同步轨道，可以利用居高临下的优势，对轨道高度为300多千米的神舟、天宫和其他中低轨道航天器或地面目标进行跟踪、测控和数据中转。与地面测控站相比，天链一号这样的中继卫星最大的优势在于覆盖范围广。一颗天链一号卫星对神舟、天宫轨道的通信覆盖率就能达到50%，三颗天链一号卫星组网形成系统后，可以实现整个轨道的通信全覆盖。同时，使用中继卫星后，天地通信的带宽得到极大提高。

30.1 助力载人航天

天链卫星使用了频率在26GHz—40GHz的Ka波段信号，而工作在这个波段的天线，对天线尺寸的精度要求极高。直径为几米的天线，即便在太空极端的温差环境下，其面形误差也要小于0.4毫米，设计制造这样的天线异常艰难。天链一号在工作时，天线处于轨迹复杂、速度变化的运动中。天线转动部分的质量高达750千克，如何抵消天线转动的影响、保持卫星姿态稳定也是一个技术挑战。

我国的航天技术人员一一攻破了这些技术难题，同时为消除境外不确定因素的影响，拥有完全独立自主的天基信息传输系统，天链一号将两颗天链卫星间的经度距离设置为160度左右，分别布置在我国的东西两侧，在国土的东西部各设一控管站，利用高速光纤将它们和控管中心连成系统。将第三颗星置于东星和西星之间，起到增强能力和部分备份的作用。

30.2 展望

除了为载人航天屡立新功，天链一号还有许多其他用途。比如，它可以为我国的地面观测卫星提供数据中继，当卫星运行在我国国土地面站不可见的轨道弧段时，高清数据也能通过天链卫星实时传回。以前，在发射同步轨道卫星时，火箭的飞行路径上总存在一段通信盲区，地面控制人员无法得到这个时段火箭的运行信息。天链一号的通信中继使得这样的盲区不会继续存在于今后的发射中。

未来，我国的中继卫星还将进行升级换代。在下一代的中继卫星中，激光有望代替目前使用的微波无线电信号，成为通信的载体，从而将数据带宽大大提高。除了能为各种航天器、飞行器提供数据中继服务的全功能中继卫星外，还将针对各类用户的特点设计功能更专一的中继卫星，与全功能中继卫星共同组成功能更丰富、效率更高的中继网络。

除了进一步发展地球附近的中继卫星系统外，还将发展出支持其他星球的中继卫星网络，如月球中继卫星、火星中继卫星等，为深空科学探测甚至载人登陆月球、火星服务。

31. 中国探空火箭飞向更高高度

由中国航天科技集团公司四院（以下简称"四院"）自主研发的天鹰3F 空间环境垂直探测试验火箭在中科院海南探空部发射。火箭飞行高度316 千米，搭载的鲲鹏 1B 探空仪开展了多项科学探测及技术试验任务，首次成功获得电离层顶的原位探测数据，发射试验获得圆满成功，标志着我国已经具备了探空火箭更高高度的空间环境探测运载能力。此次发射是我国在子午工程支持下恢复火箭探空活动后，再次开展空间环境垂直探测任务。

31.1 什么是子午工程

子午工程是一个大型空间环境地基综合监测系统，是利用东经 120 度子午线附近，北起漠河，经北京、武汉，南至海南并延伸到南极中山站，以及东起上海，经武汉、成都，西至拉萨的沿北纬 30 度纬度线附近现有的 15 个监测台站，建成一个以链为主、链网结合的，运用地磁（电）、无线电、光学和探空火箭等多种手段的监测网络，涉及了非相干散射雷达技术、高频相干雷达技术、中高层大气激光雷达技术、行星际闪烁探测技术、全天空干涉成像技术，以及通信和数据传输及处理技术等多项前沿关键技术。

子午工程由中国科学院牵头，教育部、信息产业部、中国地震局、国家海洋局、中国气象局等共同建设。2011 年 5 月 7 日 7 时整，子午工程首枚探空火箭发射成功。2012 年 10 月 23 日，子午工程通过国家验收，为载人航天等提供空间环境保障。

31.2 展望

这是四院天鹰 3 系列探空火箭第 12 次成功发射。此次试验中，鲲鹏 1B 配置的具有姿态控制能力的箭头平台、柔性碳纤维伸杆均为我国在探空火箭上首次使用，可以更精确地获得空间磁场、电场矢量数据，对于深入研究低纬度地区电离层中高层大气的空间环境，提高未来火箭探空的技术能力具有重要的科学意义。

作为我国历史最久、种类最全、规模最大、实力最强的固体火箭发动机研制、生产和试验基地，四院依托丰富的固体发动机型号资源优势，1996 年开始成功开发了天鹰探空火箭系列产品。经过近年来的发展，四院已经建立了一支专业的探空火箭研发队伍，建立了火箭总体设计、控制、电气、测试、发射等技术专业，形成一套独特的探空火箭技术研发途径，突破和掌握了火箭地面发射发控技术、多截面分离技术、有效载荷抛撒释放技术、高空开伞技术、试验舱起旋稳定技术、有效载荷安全回收技术和箭地遥测通讯技术等关键技术，具有完善的探空火箭总装、测试和环境试验条件和完备的供应链体系，采取"模块化、通用化、标准化"的设计理念，成为国内探空火箭研制技术水平领先、探测高度最高、应用领域和数量最多的单位，目前正在开展 500 千米—700 千米高度探空火箭的研制试验。已研制的天鹰火箭可广泛用于高空科学探测及试验、高空气象探测、空间微重力和空间物理实验、航空器气象保障、船舶港口与海上气象保障等领域。还可将卫星导航探空仪、雷达模式探空仪和"落球"探空仪等送入临近空间，完成对大气温度、密度、风速等大气要素进行原位探测。在天文物理探测方面，可配合地基遥感探测和卫星探测数据，对空间中的电离层、地球磁场、宇宙线、高层大气、太阳紫外线和 X 射线等进行探测研究或环保监测。同时还可以用于空间新技术验证，微重力条件下的物理、生物等科学试验。

32. 航天腾飞之路

1956 年 10 月 8 日，国防部第五研究院成立，标志着中国航天事业正式起步。如今 60 多年过去了，中国已经是名副其实的航天大国，正在向航天强国阔步前行！回顾中国航天事业的腾飞之路，值得大书特书。

32.1 "两弹一星"吹响进军号

"两弹一星"是指中国独立自主地成功研制出导弹、核弹（含原子弹、氢弹），并成功发射了人造地球卫星。后来，人们将这几项工程合称为"两弹一星"。"两弹一星"为中国奠定了尖端科技基础，正如邓小平同志曾说："如果60年代以来中国没有原子弹、氢弹，没有发射卫星，中国就不能叫有重要影响的大国，就没有现在这样的国际地位。""两弹一星"的成功始于20世纪50年代后期到70年代，当时中国科学技术极为落后，工业体系尚未建立，没有一位中国科学家见过原子弹，只有钱学森40年代曾在美国做过导弹研究工作。科技人员硬是边学习边实践，以大无畏的精神开始在白纸上作画。中国的航天事业起步于导弹仿制，中国在苏联专家的帮助下开始仿制导弹。当苏联撤走专家，中国的科技人员发扬自力更生精神，克服重重困难，终于将仿制的东风一号近程导弹发射试验成功。紧接着，东风二号中近程导弹发射试验成功，标志着中国的导弹技术走上了独立研制的道路。之后，在我国西部地区新疆罗布泊上空，接连响起了中国原子弹、氢弹爆炸成功的吼声！中国"两弹"试验的成功，在国际上引起巨大反响。曾参加过美国"曼哈顿"工程的核物理学家认为中国的核武器技术比官方最先估计的要先进得多，中国拥有了具有实战能力的导弹核武器。

图1-20　核弹模拟图

伴随着导弹、核弹的迅速发展，中国又把目标瞄准了人造卫星。虽然早在1958年5月，毛泽东就提出"我们也要搞人造卫星"，但当时国内对人造卫星几乎一无所知。很难想象，中国卫星研制者竟是从参观天文馆入手！1970年4月24日，"东方红一号"人造卫星发射成功，这是中国航天竖起的第一座里程碑。1975年11月26日，中国第一颗返回式卫星发射成功，卫星成功返回，使中国成为世界上第三个掌握返回式卫星技术的国家。

32.2　迅速跨进发展快车道

时间到了1978年，随着改革开放时代的到来，中国航天事业与其他各项事业一样，迅速跨进了发展的快车道，可以计算到1991年。在这期间，据不完全统计，以第一颗通信卫星和第一颗气象卫星发射为标志，中国航天进入了卫星应用新时代；以长征三号和长征二号捆绑式火箭的发射成功为标志，中国航天技术进入世界先进行列。1980年，远程运载火箭发射获得成功，中国成为世界上第三个进行远程运载火箭全程试验并取得圆满成功的国家。1984年4月8日，长征三号火箭成功发射我国第一颗地球静止轨道通信卫星东方红二号并定点成功。这次发射标志着中国航天在应用卫星和运载火箭技术两方面的双重突破。长征三号发射成功使我国成为第三个掌握火箭低温高能技术和第二个高空点火技术的国家。1985年10月26日，我国对外宣布：中国自行研制的长征系列运载火箭投入国际市场。此后三年，中国的专家们走出国门推销长征火箭。1989年1月，长城工业总公司与香港亚洲卫星公司签订用长征三号火箭发射亚洲一号通信卫星的合同，长征火箭成功签下第一单，卫星发射取得圆满成功。还要提的是，尚在纸面上的"长二捆"赢得了第一份合同——发射两颗由美国休斯公司制造的澳大利亚卫星。按照合同规定，从开始研制到第一次发射试验，时间只有18个月，而按照常规，这个过程需要四五年的时间！18个月后，奇迹出现了："长二捆"巍然屹立在了西昌卫星发射中心，首次飞行试验圆满成功。

32.3　载人航天功绩非凡

载人航天是人类最伟大的壮举之一，它对一个国家的政治、经济、军事、科技等方面的发展均具有重要的战略意义。作为一个发展中的大国，中国开展载人航天活动，不仅仅是为了圆千年飞天梦，更是为了圆百年强国梦。载人航天工程还是中国航天竖起的第二座里程碑。在此后的十多年中（1992—2006）按照中央决策，实施中国载人航天"三步走"的发展战略。1999年11月20日，长征二号运载火箭将我国第一艘无人试验飞船神舟一号发射升空，飞船环绕地球飞行14圈后在预定地点安全着陆。这标志着中国载人航天工程取得重大突破。2003年10月15日，第一艘载人飞船神舟五号载着中国航天员杨利伟进入太空，环绕地球14圈后安全返回地面，中国首次载人航天飞行获得圆满成功。2005年4月12日，神舟六号飞船升空，将航天员费俊龙、聂海胜送入太空，实现了两人多天飞行。实现了航天员直接参与空间科学实验活动的新跨越。神舟五号和神舟六号飞行任务的圆满成功，标志着中国载人航天工程第一步任务目标顺利实现。同时，在载人航天工程中，我国还安排了较为系统的生命科学和生物技术、空间材料科学、微重力流体科学研究和实验，取得了令人鼓舞的成果，并为今后的发展奠定了坚实基础。

32.4 航天工程高歌猛进

从2007至2018年，我国重大航天工程相继亮相。探月工程就是其中之一，20世纪90年代初，我国开始月球探测工程的有关论证，经过国内各方面专家十几年的工作，2003年，党中央、国务院根据世界科技发展趋势，着眼于我国科技事业的发展，审时度势，作出了实施绕月探测工程的战略性决策。2004年1月，以"嫦娥工程"命名的月球探测工程正式启动。"嫦娥工程"也提出了三步走的规划。这三步就是"绕""落""回"。月球探测工程是我国第一次对地球以外天体进行近距离探测。而且我国探月工程起点高、有特色、有创新，具有很强的科学性、探索性和开放性，竖立起中国航天的第三座里程碑。我国此前航天器到达的与地球最远距离仅为7万千米。而要实现月球探测，则必须使航天器进入到38万千米远的月球引力场，需要克服一系列技术难关。中国航天人硬是在较短的时间内攻克了层层难关，实现了探月工程的高歌猛进。

与此同时，我国的载人航天工程也一次次取得重大成功，神舟七号至神舟十一号相继发射成功，天宫一号和天宫二号胜利巡游太空，天舟一号货运飞船尽职尽力。高分辨率对地观测系统、北斗导航系统等列为国家重大科技专项的航天工程也在逐步实施，2018 年 12 月 27 日国务院新闻发言人正式向全世界宣布，中国的北斗已成功实现全球覆盖！各类应用卫星和卫星应用获得长足发展；长征系列运载火箭发射成功记录不断刷新，新一代运载火箭踏上征程⋯⋯随着载人航天、月球探测等工程的进一步实施，中国人探索的目光将瞄向更遥远的星空（比如火星、小行星等等），中华民族必将为人类文明做出更大的贡献。

33. 日新月异的电推进系统

电推进系统是火箭的一种，但是电推进系统与目前发射航天器用的化学推进系统不同。化学推进系统是通过推进剂催化反应或氧化剂燃烧剂反应产生高温，将推进剂加热后喷出；电推进系统不使用化学燃料，而是把能源和推进剂（工质）分开，用电能加热或电离推进剂，使其加速喷射而产生推力，是一种把外部电能转换为推进剂喷射动能的火箭，所以又称电火箭。两者虽都要消耗推进剂，消耗量却有很大区别。对于同样的宇航任务，电推进系统效率高，它消耗的推进剂约为化学推进系统的十分之一，甚至更少。因此，近些年来，电推进系统发展很快，仅就 2015 年来说，中国航天科技集团五院 510 所研制的首个卫星用 200 毫米离子电推进系统地面寿命及可靠性，试验累计工作时间已超过 11000 小时，具备卫星在轨可靠运行 15 年的能力，这标志着我国自主研制的电推进系统达到国际先进水平。

33.1 两种方式受青睐

电推进系统一般是由电源子系统、电源变换器与控制子系统、推进剂储存与管理子系统、电推力器等组成。根据把电能转换为推进剂动能的加速方式不同，它可以分为电热式、静电式、电磁式三大类。当前，应用比较广泛并比较成熟的电推进系统有两种，即电磁式推力器中的霍尔推力器（稳态等离子体推力器）和静电式推力器中的电子轰击式离子推力器（氙离子推力器）。这种推力器的本质是一样的，不同的是，离子推力器的电离区和加速区分离，所以推力器效率更高，比冲更高，消耗推进剂更少，缺点是技术复杂，电源种类多，尺寸、重量较大。霍尔推力器的电离区和加速区是合一的，因而技术简单，电源种类少，尺寸、重量较小，可靠性更高，缺点是比冲低，两者各有优势，适用于不同的航天任务。

33.2 原理简介

霍尔推力器的原理是将电子约束在磁场中，并利用电子电离推进剂，加速离子产生推力，并中和羽流中的离子。离子推进器的原理是先将推进剂电离成粒子，然后在电磁场中加速，高速喷出，以其反作用力推动火箭。加速后的离子使推进器获得时速高达143201千米的速度，推动航天器前进。

33.3 应用广泛

目前，电推进系统已得到广泛应用。2016年在轨运行的应用电推进系统的航天器大约有100个左右，其中离子推力器累计工作时间约20万小时，霍尔推力器累计工作时间约近10万小时。它们主要应用包括地球静止轨道卫星的位置保持、空间探测器的变轨等方面。电推进系统也可以用于完成卫星的轨道转移任务。

在空间探测器方面，早在1998年10月美国发射的"深空"1号上就用离子推力器作为主发动机进行了小行星探测的变轨试验。我国从1967年就开始了电推进研究。1978年，中国航天科技集团五院510所研制的LIPS-80离子推力器获得国家科技进步一等奖。2012年10月，我国实践九号卫星发射升空，对多种电推进技术方案的正确性、在轨工作性能、与航天器的相容性以及长期在轨工作能力进行了成功验证，这意味着我国全电推进系统已经初步具备在轨应用能力。

同时我国已完成了全电推进卫星平台方案的详细设计。我国东方红三号B卫星平台在采用电推进系统后，与美国劳拉公司、欧洲泰雷兹-阿莱尼亚公司等的产品相比，电推进系统的应用方案基本类似，技术指标水平相当，平台的性价比、载荷比达到或略优于国外同类卫星水平。

预计到2020年，我国将实现千瓦级电推进产品的批量化推广应用，实现快启动电推进、多模式电推进产品的可靠性提升，完成50千瓦量级大功率推力器主要关键技术攻关。未来，我国的电推进系统可用于地球静止轨道卫星位置保持和轨道转移、空间探测器和载人深空探测的主推进、低轨卫星的轨道维持、航天器的姿轨控等许多方面。

34. 力量和水平的体现——中国整星出口欧洲、东盟

2016 年 1 月 16 日 0 点 57 分，在西昌卫星发射中心，我国长征三号乙运载火箭托举着白俄罗斯通信卫星成功进入太空，标志着我国整星在轨交付业务首次打开欧洲市场，走进欧洲人民生活。而在 2015 年 11 月 21 日 0 时 07 分，西昌卫星发射中心用长征三号乙运载火箭，刚刚成功地将老挝一号通信卫星发射升空，不仅实现了中国航天向东盟国家整星出口"零"的突破，更代表着中国航天率先践行国家"一带一路"战略，对中国航天走出去有重要意义。

中国航天在与美国、法国、俄罗斯等对手经过激烈竞争后，才赢得了老挝卫星项目。2006 年，老挝政府启动国家电信改造计划，并邀请中国航天科技集团一院下属中国亚太移动通信卫星有限责任公司（简称亚太公司）协助对电信改造计划进行技术论证，双方达成了初步合作意向；2010 年，双方签署《老挝卫星广播通信系统建设合同》；2011 年 12 月，中国亚太移动通信卫星有限公司与老挝邮政和电信部签订了老挝一号通信卫星项目合同；2012 年，老挝卫星项目在老挝首都万象正式启动。由中国航天科技集团公司五院研制的老挝一号卫星技术基于东方红四号卫星 S 型平台，设计寿命 15 年，可满足老挝国内迫切的广播电视传输和通信需求，主要用于向湄公河地区提供高清电视节目、远程教育、政府应急通信等服务。卫星发射后，中国和老挝将合资成立一家公司，共同运营管理这颗卫星。合资公司注册资本 1500 万美元，其中老挝卫星国有企业出资 45%，亚太公司出资 35%。

亚太公司负责人表示接下来将以老挝市场为切入点，开拓湄公河次区域地区卫星通信市场，提供包括电视节目、广告服务在内的卫星电视直播以及国际通信、无线宽带接入、互联网服务；还会提供政府应急通信、远程教育和医疗等服务，业务范围可以覆盖老挝、缅甸、柬埔寨、孟加拉国等国家和地区。

此外，白俄罗斯通信卫星是白俄罗斯拥有的第一颗通信卫星，也是我国第九个卫星在轨交付项目，主要用于白俄罗斯及覆盖地区的广播、电视、通

信、远程教育、宽带多媒体等服务。白俄罗斯通信卫星由中国空间技术研究院研制，卫星采用东方红四号卫星平台，发射质量为 5200 千克，设计寿命 15 年。

"中国给白俄罗斯用户提供的是'交钥匙'式的'一揽子工程'。"白俄罗斯通信卫星总指挥魏强介绍，除了研制卫星、提供发射，此次中方还参与建设明斯克地面站，并对卫星日常管理人员进行培训。根据双方合同约定，中方未来一段时间还将派出人员提供在站支持。

据悉，未来我国将大力推动通信卫星进入国际主流商业卫星运营商市场，初步形成可面向全球提供高精度高采集能力的数据服务能力。

35. 还我一个干净的太空环境——中国对空间碎片移除的研究

空间碎片俗称太空垃圾，科学家们提出太空垃圾已经达到了危险的临界点，是提到议事日程上必须解决的问题了。

图 1-21　太空垃圾

35.1　空间碎片来自何方？

据分析，有以下几个方面：

（1）被遗弃的航天器和火箭箭体，不论它们曾经有多么辉煌的历史，最终却变成不折不扣的"垃圾"。人类第一个空间站——和平号空间站，在完成任务后也成了最大的空间碎片。

（2）爆炸解体所形成的碎片，是最主要的空间碎片来源。如 1961 年 6 月 29 日运载子午仪卫星的运载火箭第一次爆炸，就产生 7296 块可跟踪的碎片。

（3）固体火箭喷射物，主要是在燃烧过程中铝变成氧化铝被喷射到太空中，其直径从小于 1 微米到 50 微米以上，也能达到厘米级。

（4）特殊碎片，如冷凝剂等向外泄漏形成的 100 微米至 4.54 厘米的液态碎片。

（5）操作过程中产生的碎片和剥落物，如应用卫星等进入工作状态前，相机、望远镜的镜头保护盖、航天员的生活垃圾以及航天员在太空行走和工作时无意中丢失的物品（航天员埃德·怀特在进行美国第一次太空行走时手套被漂走，幸好未铸成大祸，但他的手套从此成了一块特殊的空间碎片）等等。至于剥落物是航天器在太空恶劣环境中，其表面油漆、表面材料会出现剥落，剥落物就成为太空垃圾。

（6）空间碎片间的撞击产生新的碎片。值得注意的是，这种新碎片有可能会产生"雪崩"效应，数量会急剧增加。

35.2 我国空间碎片防护研究

中国一直高度重视空间碎片问题，设立了专门的空间碎片行动计划，成立空间碎片协调和专家组，不断加强空间碎片监测、预警、防护和减缓等各项研究工作。1995 年，中国国家航天局代表中国政府作为正式成员加入 IADC（国际机构间空间碎片协调委员会），积极参加历次 IADC 会议和活动，参与联合国外空委长期可持续工作组空间碎片议题相关活动，遵循联合国空间碎片减缓指南，制定颁布了《空间碎片减缓与防护暂行管理办法》，为保护清洁的外层空间，促进空间碎片的国际交流与合作，做出了积极贡献。

近年来，中国在空间碎片探测、防护和减缓方面开展了大量的研究与应用，完成了空间碎片监测预警工程的初步建设，为载人航天工程等重大任务以及多颗应用卫星提供了空间碎片监测预警技术服务。具有中国自主知识产权的空间碎片防护设计初级系统等防护科研成果应用于航天器防护设计工程实践，空间碎片减缓技术工程化研究取得阶段性进展。

中国每两年举行一次全国空间碎片学术交流会，参会人数超过 300 人。2001 年，中国出版国际上唯一一本空间碎片研究专刊（季刊），从 2017 年起公开发行。正如中华人民共和国国务院新闻办公室发布的《2016 年中国的航天》白皮书所述，中国将继续推进空间碎片相关研究工作，加强政策和法规制定。中国国家航天局也愿意与各国航天机构一起携手共进，共同维护一个和平清洁的外层空间。

35.3　移除技术多样

空间碎片移除涉及的技术广泛，针对不同尺度、不同特性的空间碎片，需要天地一体化监测，移除技术手段更是丰富多样，如机械臂抓捕移除、柔性飞网捕获移除、高能激光移除、离子束推移移除、静电力增阻离轨、磁场发生器捕获离轨等。发展空间碎片主动移除技术与能力，将促进不同学科和技术的交叉融合，不仅将带动天文学与天体物理、空间科学、光电子学、超高速碰撞动力学、材料科学等基础学科的发展，而且会引领空间遥感与原位感知、高精度探测、机械制造、先进控制与推进、新型材料应用等相关高新技术创新发展，带动科技整体进步。

36. 中国正在研制"太空手"

"太空手"可以代替航天员在恶劣、危险的太空环境中完成一些复杂的作业。这个机器人灵巧手的尺寸与人手尺寸相似，各只手有 4 个手指，每个手指又有 4 个关节，共有 12 个自由度。它的核心部分由 96 个多功能传感器、12 个驱动器以及一部外置电脑构成。每个传感器和驱动器的体积十分微小，可以放到豆荚中并能全部嵌入手掌、手指里，非常灵敏、有力。工作时，传感器将工作对象的位置、形状、大小、温度、硬度等一系列必要的数据实时传输给电脑。电脑对数据进行处理后，向驱动器发出指令，命其提供合适的动力，让"手"做出精确的动作。

在人的遥控操纵下，机器人的灵巧手不仅能在地面状态下呈直线拉动质量为 10 千克的物体，还能拿着诸如扳手、螺钉旋具（改锥）之类的多种工具，准确无误地拧螺钉、更换元器件等，甚至能完好无损地抓起一个鸡蛋或在钢琴上奏出动听的音乐。

研制人员说，灵巧手可以安装在太空智能机器人的胳膊上，可以随时出动，独立到舱外进行一些长时间、高难度而且危险的维修、安装作业，从而降低航天员的风险和劳动强度。目前，美国、日本、俄罗斯等国已研制出太空机器人，并将其派到国际空间站上协助航天员工作，但由于它们没有这样灵巧的"手"，所以只能做一些简单的抓、握动作，从事辅助性的搬运、对接劳动。

且看中国"太空手"！

二、探月为得月——探月工程

1. 中国的探月梦——为什么要探月

月球探测是我国空间科学和技术发展的第三座里程碑。综合分析国际上月球探测已取得的成果，以及世界各国"重返月球"的战略目标和实施计划，再考虑到我国的科学技术水平、综合国力和国家整体发展战略，近期我国的月球探测以不载人为目的，其工程被命名为"嫦娥工程"。主要原因有以下几个方面。

图 2-1　地月距离

1.1　现在已具备重返月球、开发月球资源和建立月球基地的条件和能力，且月球探测已成为当今世界航天活动的热点

我国自 20 世纪 70 年代以来，在人造地球卫星和载人航天领域里已取得了重大成就，但在月球探测方面却仍是一片空白，而国外的月球探测正在进入一个新的高潮。那么，是否我国还不具备探月的条件？回答是否定的！我国已经具备了开展月球探测的基本条件和能力，而且启动月球探测的时机和条件已经成熟，适时开展以月球探测为主的深空探测是我国航天事业持续发展、有所作为、有所创新的重大举措。虽然我国月球探测起步晚，但可以在较高起点上迎头赶上，确保我国在国际月球探测活动中占有一席之地。同时，实施探月工程有利于巩固我国的大国地位。探月是一个国家科学、技术、管理高度发达的重要标志之一，也是当今世界高新技术发展水平的突出展示，是综合国力的具体体现，是大国地位的象征。因此，开展月球探测必将提升我国的国际威望，扩大我国在全球的影响。

图 2-2 中国的探月工程

1.2 月球探测已成为航天高新技术的重点研究开发领域之一

航天技术是众多高新技术的高度综合。因此进行月球探测会推进航天关键技术的创新和升华，会极大地促进我国航天技术水平的整体提高，也为造就一支世界一流的航天技术队伍创造了极好的机遇。月球探测仅仅是深空探测的一个起点，火星探测、太阳系内星系，甚至外星系的探测都会写入我们的深空探测计划之中。通过对月球的探测可以掌握和积累深空探测的经验教训，为未来正式开展对其他星系的探测打造物质基础和技术力量。月球探测工程还将推动相关领域内高新技术的进一步发展，比如电子与信息、新能源、新材料、微机械等，从而带动我国国民经济和国防建设等方面产生显著的社会经济效益。

1.3 共同开发利用月球资源

进行月球探测，可以与其他国家共同开发利用月球资源，对人类的持续发展极为有利。月球上有丰富的天然资源，这对地球上资源日渐枯竭是一种补充和储备。比如太阳能，月球表面丰富的太阳能是建设月球基地重要的能源资源。又如月球上蕴藏着的大量高品质的钛铁矿、钾、铀、钍、磷等矿藏，是地球资源的补充。还有在地球上是"稀客"而在月面上比比皆是的氦-3，更是人类梦寐以求的廉价绿色能源。而月球所处的特殊环境条件——高真空、微重力、强辐射、微磁场正是在地球环境条件下难以获得的新材料、新器件、生物制品等的温床。因此，从服务于人类、推进人类的可持续发展角度出发，我国也应该参与月球资源的开发和利用。

1.4 成为我国新的科技增长点

进行月球探测可以成为我国新的科技增长点，能促进高新技术的全面发展，并能推动基础科学的创新。月球探测至少可以促进月球科学、地球与行星科学、太阳系演化、空间天文学、空间物理学、空间材料科学、空间环境科学与微重力科学等方面的创新发展，更可贵的是还能带动更多相关学科的创新发展。

1.5 提高人类对宇宙的认识

进行月球探测可以提高人类对宇宙的认识，促进空间科学的发展。同时，对我国的基础科学和高技术研究有突破性的强大的带动作用，还有潜在的军事用途。因此，当国际上正在掀起重返月球高潮的同时，我国也必须参与其间，"嫦娥工程"就是一个明确的标志。

2. "嫦娥工程"的"绕""落""回"

"嫦娥工程"分为三个发展阶段："绕""落""回"，它们之间保持一定的连续性、继承性和前瞻性。

2.1 "绕"

"绕"是第一阶段：研制和发射第一颗月球探测卫星——"嫦娥一号"。2007年10月24日，"嫦娥一号"由"长征三号甲"运载火箭成功发射升空并进入预定轨道，于11月7日进行第三次近月制动进入周期为127分钟、高度为200千米的工作轨道。至此，"嫦娥一号"的奔月之旅取得了圆满成功，并获取了全月球高精度三维立体图像。"嫦娥一号"还对月球表面的环境、地

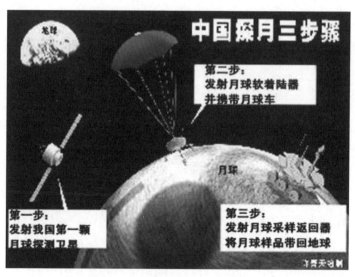

图 2-3　中国探月工程示意图

貌、地形、地质构造和物理场进行了探测，并勘察了月球 14 种有用元素的分布特点与规律，勘测了月壤的特征与厚度，估算氦 -3 的分布与资源量，探测地月空间环境等国外尚未进行的项目。全月球表面三维立体图像的获得，可用于划分月球表面的基本构造和地貌单元，可以进行月球撞击坑形态、大小、分布、密度等的测量和分析，能勾画出月球地质构造演化史和对月球重力场进行研究。而探测月壤的特征也具有重大的研究价值，月球固体表面的年龄至少已有 40 亿年，由于太阳风无休止地轰击月球表面，因此月壤含有独特的太阳辐射历史，其完整的程度，在太阳系其他行星或卫星表面是难以找到的，这就为研究太阳活动的演化历史以及太阳对地球气候变化的影响提供了一条捷径。至于对地月空间环境的探测，所获得的太阳风数据可以为后续月球控测工程提供所需的月球轨道空间环境数据。

2.2　"落"

"落"是第二阶段：发射月球软着陆器，试验月球软着陆和月球车技术，就地勘测着陆区区域的地形地貌、地质构造、岩石成分与分布，探测月壤和月壳的厚度与结构。归结起来，有这样几个探测目标：月表形貌与地质构造调查；月表物质成分和资源勘察；月球内部结构研究；日—地—月空间环境探测等。第二阶段的探测是直接在着陆区做近距离的探测，即在第一阶段遥感探测的基础上对区域月表进行精细的探测，两者互为补充，可以深化对月球的认识。月表物质成分是了解月球演化历史的关键，也是月球科学基础的工作。月球蕴含丰富的矿产和能源资源，特别是月壤中含有地球上无法企及的大量核聚变燃料氦 -3，开发和利用月球资源是人类探测月球的动力之一。从中可以看出对月表物质成分和资源勘察的重要性与必要性。月球内部结构的研究也是科学家关注的问题。月球内部的结构组成不但体现了月球目前的状态，还记录着其形成和演化的信息。所以，月球内部结构的探测不仅可以使人类认识月球的状态、结构和组成，还为了解月球的起源和演化提供了最可靠、最直接的证据。通过对月球内部结构的研究，还可以获取月震和小天体撞击月球的确切资料，从而为完善月球内部结构的模型提供直接的科学依据。

2.3 "回"

"回"是第三阶段：把在月球采集的样品送回地球，在实验室作精确的测试、分析和研究。要实现这个目的，必须发射带有自动采样返回舱的着陆器（或月球车），选择合适的地点进行钻孔采样和机械臂采样，然后返回舱从月面起飞，将月球样品带回地球，在实验室做进一步的测试分析和研究。第三阶段工程实施后必然会深化对月壤、月壳和月球形成演化的认识，这样会给今后月球基地的选址和建设提供重要的依据。

在第三阶段，采集月球样品必须使用机器人。据资料介绍，经过多年的研制，我国已建成模拟的"机器人遥控操作系统"，即模拟科学家在地面操作太空机器人做一系列的动作。太空机器人将在中国人登上月球前承担主要的探测任务。第三阶段计划于 2017 年以后实施。

3. 从"嫦娥一号"到"嫦娥六号"——"嫦娥工程"中的探测卫星

取名"嫦娥工程"，源自我国古代嫦娥奔月的美丽传说。"绕月飞行"是"嫦娥工程"的第一阶段，很自然，要执行绕月飞行的第一颗卫星被称为"嫦娥一号"。下面简要介绍"嫦娥一号"到"嫦娥六号"月球探测卫星。

3.1 "嫦娥一号"

"嫦娥一号"绕月卫星，主要以成熟的"东方红三号"通信卫星为基础，充分利用、继承其成熟的技术和相关经验。就其目前的技术状态，"嫦娥一号"是一颗脱颖而出的新卫星。"嫦娥一号"卫星所承担的主要有为月球"画像"，获取月球表面三维影像等四个方面的任务。"嫦娥一号"卫星上装有六大类设备，共 25 台仪器，如光学成像系统（CCD 立体相机、干扰成像光谱仪）等，其中 CCD 光学系统采用正下方、前方、后方的 3 幅二维原始数据构成月表的三维立体图像。又如 Y/X 射线谱仪是根据各种元素受宇宙射线激发产生的 Y 和 X 射线能谱的差异，从而获得不同元素的分布。如 Y 射线可以对稀土、铀、钾等元素，X 射线可以对钠、硫、镍等元素，而对于铁、钛、铝、镁等元素则这两种射线都可获取其信息。而微波探测，卫星上常采用微波／毫米波辐射计，利用不同频段的微波在月壤中穿透深度不同的特点，对月壤厚度进行测定，"嫦娥一号"卫星上设计有 4 个不同的频段。

3.2 "嫦娥二号"

"嫦娥二号"是"嫦娥一号"的备份，也就是说，万一"嫦娥一号"发射失败，它可以替补上去。但是"嫦娥一号"的任务完成得很好，因此就没有必要再发一颗完全一样的备份了。所以，"嫦娥二号"的任务有所改变，为"嫦娥三号"做技术先导性的工作。"嫦娥二号"已获得了世界首幅 7 米分辨率全月图，可以在世界上保持 4—5 年的领先水平。它主要用来考察"嫦娥三号"未来要降落的区域，制作出来的虹湾地区的地图分辨率更是高达 1 米，连月面上的石头块都看得见。并在国际上首次实现对"图塔蒂斯"小行星的飞越交会探测。在接近的过程中把小行星的照片拍下来，了解"图塔蒂斯"小行星的形状、大小和结构。2012 年 12 月 13 日，它们"见面"了，相对运行速度是 10.73 千米／秒，最近的距离是 3.2 千米，拍到了最清晰照片的分辨率是 10 米。这件事引起了轰动，要在 7×10^6 千米之外控制两个高速靠近的物体不相撞，最近距离只有 3.2 千米，展现了我国测控技术的水平和能力。可以说，"嫦娥二号"最大的亮点就是这个"3.2 千米"。"嫦娥二号"正在飞向更远的深空。

3.3 "嫦娥三号"和"嫦娥四号"

2008 年，探月二期工程通过国家立项批复，工程目标是实现月球表面软着陆和月球巡视探测。经过 5 年多的研制，2013 年 12 月 2 日，嫦娥三号发射升空，并于 14 日成功软着陆于月球虹湾着陆区，15 日完成着陆器、巡视器分

图 2-4　玉兔号月球车

离，两器各自独立开展月面探测工作，突破了月球软着陆和月面巡视核心关键技术，实现了中国首次在地外天体上进行原位和巡视探测。

"嫦娥四号"是"嫦娥三号"的备份，于 2018 年发射。它首次实现月球背面软着陆和巡视探测，首次完成地月拉格朗日 L2 点中继星对地对月的测控、数据中继，同时开展月基低频射电天文观测、月球背面巡视区形貌和矿物组分、巡视区浅层结构等科学探测与研究。

3.4 "嫦娥五号"和"嫦娥六号"

2011 年，探月三期工程正式立项，目标是实现月面无人采样返回。工程规划了 2 次正式任务和 1 次飞行试验任务，分别是"嫦娥五号""嫦娥六号"和"嫦娥五号"飞行试验任务。"嫦娥五号"试验器于 2014 年 10 月 24 日发射，11 月 1 日成功返回地球，实现了第二宇宙速度高速跳跃式再入返回。"嫦娥五号"试验器再入返回飞行试验任务的圆满成功，突破了一系列关键技术，为实现探月三期工程最终目标奠定了坚实基础。

"嫦娥五号"是中国首个实施无人月面取样返回的航天器，由轨道器、返回器、着陆器、上升器 4 个部分组成。"嫦娥五号"和"嫦娥六号"将共同实施探月工程三期"回"的任务，即实现月球采样后自动返回，完成中国探月工程的收官之战。

4. "嫦娥一号"飞向月球

卫星飞行轨道的选定是一项极为重要的技术内容。我国卫星第一次进行38万千米这样漫长而遥远的飞行，飞行轨道的选定更是不能等闲视之。

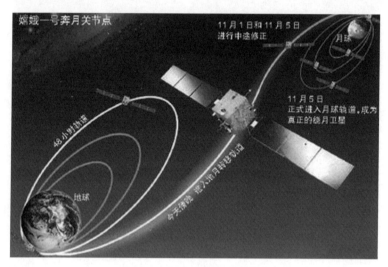

图2-5　嫦娥一号奔月示意图

4.1　飞行轨道选定的要求

飞行轨道的选定有六个要求。一是能实现对全月面进行观测，因此选择月球极轨。二是使获得的数据具有相同的分辨率，采用近月圆轨道。三是要具有较高的图像分辨率。为此，轨道高度设置在100至200千米。四是根据"嫦娥一号"应有一年的使用寿命，如果选定的轨道高度为100千米，可能会因月球引力场的异常，而在半年内坠落月面，为避免这样的情况发生，轨道高度应向高端定位，即200千米。五是必须考虑光照条件，在一年的绕月飞行中，仅靠太阳板的单轴旋转已不能满足要求，为此需设计卫星作90度旋转的飞行姿态。在日光下，卫星的光照时间为82分钟，阴影时间为45分钟，卫星的飞行周期为127分钟。六是卫星轨道高度的保持很重要，估计由于月球引力场等的作用，一年内"嫦娥一号"的飞行轨道有可能滑落至100千米左右，因此必须对"嫦娥一号"的飞行轨道做出调整，根据经验，其轨道高度调整的时间为每两个月一次。

4.2　奔月轨道的选择

奔月轨道应是一条远地点为 38 万千米的大椭圆轨道。"嫦娥一号"卫星采取的是近地点为 600 千米并逐步增加近地点速度以抬升远地点的方式。加速则采用三次加速方案，使卫星的远地点高度分别达到 5.1 万千米、7.1 万千米和 12 万千米左右。这三次轨道变化周期分别需要 16 小时、24 小时和 48 小时，这样的设计将有利于地面测控系统的工作。当"嫦娥一号"卫星通过三次加速后，踏上了一条地—月转移轨道，向着月球飞去。下一步最为关键的是"嫦娥一号"卫星要能被月球捕获，而且要非常完美地被捕获，万一捕获得不够完美，将使卫星掠月而过或撞月触地。"嫦娥一号"一旦掠月而过，可能再也完不成绕月飞行、探月的任务，撞月触地的结果和掠月而过相同，都是严重的失误。

4.3　如何被月球正常捕获

"嫦娥一号"要能被月球正常捕获必须进行 3 次减速，使轨道周期从 12 小时、3.5 小时变为环绕月球的极地圆轨道所设定的 127 分钟。这 3 次减速是由设在卫星上的测控系统实施的。"嫦娥一号"卫星测控系统主要完成卫星的自动调整和卫星姿态的确定，以及对月、对地、对星、对太阳的多体跟踪与控制等功能。为完成卫星在轨运行的各项任务，卫星上装有诸多仪器，如对日敏感器、对月紫外敏感器、对星敏感器、推力控制器、星载计算机等，并且卫星上的制导、导航、控制具有自诊断和故障处理能力，确保运行可靠；星载计算机等均采取冗余，并对"嫦娥一号"卫星的数据处理系统作了认真周密的设计，还将以往卫星设计的经验应用到"嫦娥一号"卫星上并做出适应性修改。

4.4　圆满完成

北京时间 2009 年 3 月 1 日下午 4 时 13 分，"嫦娥一号"在北京航天飞行控制中心的控制下，精确地降落在月面上的预定撞击点。在降落的时候，卫星上的"CCD 相机"将清晰的图像实时地传了回来，为中国的探月第一阶段画上了一个大大的出色的句号。

5. "嫦娥一号"攻难克险终成就

"嫦娥一号"卫星在奔月期间，经受住了千辛万苦，克服了重重难关，精确地降落在月面上的预定撞击点。下面简单介绍"嫦娥一号"在飞向月球途中克服的难关。

5.1　度过恶劣环境

"嫦娥一号"卫星在奔月期间，经受了严酷的空间辐射和冷热环境的挑战。空间辐射环境有四大因素：一是地球辐射带中俘获的电子和质子；二是银河宇宙射线，也就是来自太阳系以外的银河系的高能粒子；三是宇宙线，即太阳耀斑在爆发的过程中，从太阳表面的活动区喷射出来的高能粒子流（太阳宇宙射线的发生是随机的，通常会持续几天的时间，在太阳活动峰年出现的次数会更多）；四是太阳风的低能带电粒子。不难想象，如此复杂的空间辐射环境必然会影响到"嫦娥一号"的飞行，特别是月球又没有磁屏蔽作用，银河宇宙射线、太阳耀斑爆发产生的太阳宇宙射线都会直接对环月飞行的卫星产生一定的影响，银河宇宙射线和太阳宇宙射线均能引发高能单粒子被破坏，使卫星内的电子设备出现这样或那样的问题。我国科研人员在卫星防护方面经过刻苦攻关，最终确保了"嫦娥一号"可以在复杂的空间辐射环境下完成任务。

5.2　突破通信关

地球与月球之间的平均距离长达 38 万千米，这对我国的探月测控系统无疑是一场巨大的考验：一是通信距离远，信号衰减大，与同样发射功率的地球同步轨道卫星相比较，信号减弱极大；二是通信单程时延大大地增加，不能实现实时通，因为电磁波的传输速度为 30 万千米 / 秒，从地球到月球单程需要 1.3 秒，这种时延造成在探月期间不容易实现实时响应；三是不能对绕月探测器连续地进行观测，由于在我国国土上，可以连续观测的时间最多 10 多个小时，无法实现全天时的观测；四是在提高测量精度方面的难度很大，因为对航天器的轨道测量有测角、测距和测速，然后对航天器在地球磁场作用下的准确位置进行测量和确定，若凭借一个测控站对轨道进行测量，很难提高测角精度，并且目标距离越大，引起的位置误差也越大。

综上所述，测控系统成了制约探月工程的一大难关。对此，我国航天科学家经过充分的论证，提出了相应的解决方案，即在采用我国航天测控网的基础上，凭借上海天文台佘山站、国家天文台北京密云站和云南昆明天文台射电望远镜的观测能力，再利用天文台甚长基线干涉天文测量网系统来实现辅助测量，从而使测量精度得以提高。后来，专家们通过技术攻关和加强国际合作，迅速解决了技术难题，满足了"嫦娥一号"月球探测器的各项要求。

5.3 应对月食

"嫦娥一号"在绕月飞行的一年期间，遇到了两次月食，其中一次全月食的时间大概有 5 个小时。月食期间，地球会遮住太阳的光。没有阳光，太阳电池帆板就无法供电。卫星为确保一切正常需持续供电。专家对"嫦娥一号"在遇到月食时怎样确保卫星仪器正常工作进行了深入的研究，采取针对性措施。月食是月球进入地球影子的时候出现的奇观。地球影子有本影和半影，当一部分月球进入地球本影的时候，会出现月偏食；当月球全部进入地球本影的时候，即为月全食。在地球半影区域内，太阳辐射的强度会逐渐变得微弱。但是在太阳辐射强度减弱前，部分太阳能电池依然可以供电，这个时候，需要将卫星上各系统仪器、设备设置为最小功耗的模式。当卫星进入本影区的时候，太阳能电池就无法供电了，此时的卫星会转为由蓄电池组单独供电。在月食发生的过程中，为了将月食阴影和正常轨道阴影的叠加效应消除掉，应将月食阴影时间缩短。"嫦娥一号"在进入月食之前，需要对其在轨道上的相位进行相应的调整，使其不会出现阴影叠加的可能。在月食发生期间，环境温度还会突然下降。但是当"嫦娥一号"开始远离月食本影时，应该在第一时间调高热控制分系统的补偿加热功率，从而确保卫星各部位能够迅速地回温，最终确保"嫦娥一号"顺利地避免月食的影响。

6. "落"月的关键——"嫦娥三号"

2013 年 12 月 2 日，我国用"长征-3B/G"（长征-3B 改进型）运载火箭在西昌卫星发射中心成功发射了"嫦娥三号"落月探测器。这是我国探月工程第二阶段——落月探测的关键一步。"嫦娥三号"2013 年 12 月 14 日在月面着陆，首次实现了我国对地球以外天体的软着陆及巡视勘察任务，这也是美国"阿波罗"计划结束后世界上重返月球的第一颗软着陆探测器，使我国成为世界第 3 个掌握落月探测技术的国家。2013 年 12 月 13 日，月球车与"嫦娥三号"着陆器分离，踏上月面。同日，着陆器与月球车互拍，它标志着"嫦娥三号"任务取得圆满成功。

2014 年 12 月 15 日凌晨，"嫦娥三号"着陆器圆满完成第 13 个月昼的全部预定工作，顺利进入月夜休眠。在登陆月面一年中，"嫦娥三号"先后进行了 13 次月夜休眠和月昼唤醒，成功经受住历次月夜极寒环境的考验，完成了 30 余次无线电测量试验。"嫦娥三号"着陆器预定寿命期内的月面工作都已完成，但鉴于其状态良好，将超期服役，为我国深空探测积累更多的技术经验。

图 2-6　嫦娥三号飞行轨道示意图

6.1　"嫦娥三号"的组成

"嫦娥三号"由着陆探测器（下文简称着陆器）和巡视探测器（简称巡视器，俗称月球车，名为"玉兔号"）组成，所以发射"嫦娥三号"实际上是发射了两颗月球探测器。两器分离前，巡视器为着陆器的载荷：分离后，为两个独立的探测器，各自展开月面探测工作，它们携带了多种"独门武器"，80% 以上的技术和产品为全新研发，突破和掌握了月球软着陆（包括着陆减速、着陆段自主导航控制、着陆冲击缓冲等）、月面巡视勘察（包括爬坡越障、月面巡视自主导航等）、探测器间相互通信和月夜生存等关键技术，开展了月球区域性的精细就位探测，实现了中国航天技术的多项第一，建立月球探测航天工程基本体系，为后续工程服务。

6.2　"嫦娥三号"的目标

一是突破月面软着陆、月面巡视勘察、深空测控通信与遥操作、探测运

82

载火箭发射等关键技术，提升航天技术水平。

二是研制月面软着陆探测器和巡视探测器，建立深空站，获得包括运载火箭、月球探测器、发射场、深空测控站、地面应用等在内的功能模块，具备月面软着陆探测的基本能力。

三是建立月球探测航天工程基本体系，形成重大项目实施的科学有效的工程方案。

6.3 "嫦娥三号"的特点

一是选择与以往不同的区域着陆；二是在国际上首次同时进行就位探测与巡视探测，获得比以前更有意义的探测成果；三是在国际上首次利用测月雷达实测月壤厚度和月壳岩石结构；四是首次开展日地空间和太阳系外天体的月基甚低频射电干涉观测，进行太阳射电爆发与空间粒子流、光千米波辐射、日冕物质抛射行星低频噪声和太阳系外天体的甚低频观测研究；五是首次在月球上采用极紫外相机观测太阳活动和地磁扰动对地球空间等离子层极紫外辐射的影响，研究该等离子层在空间天气过程中的作用；六是首次进行月基光学天文观测，研究太阳系外行星系统、星震和活动星系；七是在国际上首次对月面开展多种学科探测。

图 2-7　嫦娥三号登月模拟图

7. "落"月的七大创新点

在月球探测的第二阶段，实现了七大创新点。

一是首次实现了我国航天器在地外天体软着陆，中国是第 3 个实施月球软着陆的国家。"嫦娥三号"探测器经过主减速段、快速调整段、接近段、悬停段、避障段、缓速下降段 6 个阶段的减速，实现从距月面 15 千米高度安全下降至月球表面。

二是首次实现了我国航天器在地外天体巡视探测，中国是第 2 个实施无人月球巡视探测的国家。月球车与着陆器完成解锁、释放、分离、下降到月面、驶离，整个过程每个动作环环相扣，任何一个动作都会影响任务成败。因此，在设计时就留有足够余量，特别是通过大量实验，设置极端工况，严加考核，确保了机构能力可靠。

三是首次实现了对月面探测器的遥操作，"玉兔号"月球车遥操作采用自主加地面控制相结合的方式，根据获取到的环境参数，在地面完成任务规划，而月球车可自主完成局部规划、避障并具备安全监测、应急保护的能力。

四是首次研制了我国大型深空站，初步建成了覆盖行星际的深空测控通信网。目前，国外主要有美国、俄罗斯、欧洲航天局、日本、印度等国家或组织建立了深空测控站的天线，最大口径均为 70 米。我国通过探月工程的实施，新建了 18 米、35 米、65 米、66 米（亚洲最大）天线。这些天线的研制，使我国完全掌握了大口径高效率天线的设计、制造、安装技术，以及远距离弱信号条件下的发射、接收技术，实现了高精度、快速测定和月面定位目标。

五是首次在月面开展了多种形式的科学探测。"嫦娥三号"搭载了 8 台科学载荷，用以完成 3 项科学探测任务，并创 3 个第一。其中的月基光学望远镜在国际上开创了在月面开展天文研究的新领域，有望取得创新性研究结果。在月球表面进行天文观测，可以完全避开大气影响，获得极高精度的观测数据，同时，由于月球大约 27 个地球日才自转一周，所以可对一个目标开展长达 300 多小时的持续跟踪。其中的极紫外相机首次实现国际上在月面对地球等离子体层进行极紫外成像，从而在整体上探测太阳活动、地磁扰动对地球空间等离子体层的影响，同时具有多天连续观测的有利条件，能极大提高我国空间环境监测和预报能力。其中的测月雷达，并集合其他载荷探测成果，可在国际上首次建立集形貌、成分、结构于一体的综合性观测剖面，建立起月球区域综合演化动力学模型。

六是首次在我国航天器上采用了放射性同位素热源和两相流体回路技术，实现探测器在极端温度环境下的月面生存。

七是首次研制建设了一系列高水平特种试验设施，创新了一系列先进的试验方法。

8. 汇集民意、功能卓著的"玉兔号"月球车

8.1　征名始末

月球车征名活动于 2013 年 9 月 25 日开始，为使中国第一辆月球车的名称能够充分体现全国人民乃至全球华人的意愿，富有时代性、民族性、群众性的特色，活动通过新华网、腾讯网等向全国以及全球华人发出邀请。网站共收到征名作品 193087 件，除去重复名称外，共收到提交名称 53091 个。通过入围评审，评委会选出了 10 个入围名称，分别是"玉兔号""探索号""揽月号""钱学森号""追梦号""寻梦号""追月号""梦想号""使命号""前进号"。

图 2-8　"玉兔号"月球车

为了在十个入围名称中甄选出最为合适的作品为月球车命名，评委会通过提交新华网进行网上投票评议，最终收到有效投票 3445248 张。其中，"玉兔号"得票 649956 张，排名第一；"钱学森号"得票 609631 张，排名第二；经过终审评审、评委投票与公众投票的结果加权计算，最后经探月工程重大专项领导小组批准，我国第一辆月球车命名为"玉兔号"。

8.2 身材小巧，功能巨大

"玉兔号"月球车呈长方形盒状，周身金光闪闪，由 6 个轮子和 8 个分系统组成（移动导航控制、电源、热控、结构与机构、综合电子、测控数传、有效载荷）。月球车的舱体仅是一副 0.75 立方米的"小身板"，分上下两层安装各种仪器设备，承载比自身重 6 倍的大载荷。下舱体安装着电源、控制与驱动机构组件等设备。上舱体安装着太阳翼、桅杆、太阳敏感器等设备。"玉兔号"以太阳能为主要能源，具备 20 度爬坡、20 厘米越障能力，并配备全景相机等设备。"玉兔号"的主要任务是"测月"。登月之后，着陆器进行原地探测，"玉兔号"驶离着陆器，在月面进行 3 个月的勘测，并首次实测月岩月壤。

月球车底部安装了一台测月雷达，可发射雷达波，探测二三十米的月球土壤结构，还可以对月球下面 100 米深的地方进行探测，这是其他国家从来没有做过的事情。此外，还安装了用于测定月球土壤成分的粒子激发 X 射线谱仪和测定土壤矿物组成的红外光谱仪，探测到的数据由月球车直接发回地球。

"玉兔号"依靠各种先进设备，对月表进行三维光学成像、红外光谱分析，开展月壤厚度和结构的科学探测，对月表物质主要元素进行现场分析等。着陆器的设计寿命是一年，而月球车只有 3 个月，它们在完成任务后永久留在月球。

8.3 月夜休眠

月球上的一天相当于地球上的 28 天，14 天会被太阳连续暴晒，温度高达 130℃，月球车面临散热难题；接下来的约 14 天又是连续月夜，在零下 180℃ 左右的环境里，大部分电子设备无法工作，如果仅仅依靠蓄电池提供能量，只 14 天的月夜就需要自带 100 安时容量以上的蓄电池。容量的增加，重量必然上升，而重量是探测器研制的一个关键制约因素。面对这一难题，月球车采用"休眠唤醒"功能，"玉兔"日出而作，日落而息。采用"休眠唤醒"，功能，需要一床御寒的"被子"和一个叫"玉兔"起床工作的"闹钟"，承担这两项功能的是它的供电系统——太阳翼。"玉兔"采用两翼展开式设计，一边的太阳翼为一次展开并锁定在位置上，另一边的则可以重复展开。配备首个可重复展开的太阳翼，是"玉兔号"月球车的一大创新：太阳升起，月球车在月面行驶并进行一些科学探测活动，太阳电池翼可以展开对日定向提供动力；在月午温度较高期间，太阳翼能竖起并展开为月球车遮阳；月夜来临，月球车停止行驶和工作进入睡眠状态，为防止其"腹腔"内的机电产品设备完全暴露在极寒温度下，太阳电池翼能够自动收拢，犹如在"腹腔"上盖了一条被子，起到保温的作用。当第二天太阳逐渐从东边升起，到达 5 度高度时，巡视器就被唤醒进入白天的正常工作。对一些特别娇嫩的设备，月球车内还专门准备了"暖宝"——核电池。核电池可以不受外界影响，持续利用同位素衰变过程放出热能，使仪器箱里的温度升至零下 40℃以上，这是所有仪器都能耐受的温度。

9. 实施返回再入飞行试验（"嫦娥 -5T"试验）

为了突破和掌握月球探测器再返回地球的关键技术，我国决定先期实施高速再入返回飞行试验（"嫦娥-5T"），即发射试验器飞抵月球附近后自动返回，在到达地球大气层边缘时距地面约 120 千米，以接近第二宇宙速度和半弹道跳跃式再入，最终在内蒙古中部地区以伞降形式着陆。跳跃式再入是指航天器进入大气层后，靠升力再次冲出大气层，以便降低速度，然后再次进入大气层。本次试验用于对未来"嫦娥五号"返回的相关关键技术进行试验验证。

9.1 为什么要进行"嫦娥-5T"任务

高速返回任务是我国第一次实施，而且这项技术的成败直接关系到探月第三阶段工程的成败，月球样品能否安全回收关系到全局，如果事先不进行在轨验证，势必会给探月工程三期顺利实施带来巨大风险。于是在探月工程三期"嫦娥五号"任务之前增加一项高速再入返回飞行试验。这次试验任务意义重大，为探月工程三期的顺利实施起到了先导作用，具有承上启下的意义：所谓"承上"是指"嫦娥-5T"充分继承了探月一期和二期的成果，尤其是"嫦娥二号"的成果，因为"嫦娥-5T"的服务舱继承"嫦娥二号"的平台，并做了一些适应性修改；所谓"启下"是指通过这次任务把"嫦娥五号"的某些实际飞行轨道，以及高速返回再入的整个过程进行验证，从而有利于提高"嫦娥五号"任务的可靠性和安全性，降低了任务风险。

9.2 试验实现多个第一

这次任务实现了我国航天的多个"首次"：首次让航天器从月球回到地球；首次成功采用半弹道跳跃式再入返回技术；首次突破了第二宇宙速度再入情况下的一些防热技术；首次验证了小目标搜索能力，因为返回器的体积只有"神舟"飞船返回舱的八分之一；首次采用了"8"字形的绕月自由返回轨道，这种特殊设计巧妙地利用了地球和月球的引力，使试验器飞抵月球附近后能绕半圈自动改变轨道方向，轨道倾角向地球飞来，从而节省了中途轨道修正所需的推进剂，借助月球引力完成转弯并返回地球；首次应用了深空探测可视化系统等等。

9.3 试验器服务舱拓展任务

据中国航天科技集团公司网站报道，"嫦娥五号"试验器服务舱已飞抵地月系统"拉格朗日-2"点（简称地月 L2 点）。2014 年 11 月 1 日，服务舱与返回器分离，经过两次轨道控制，返回到远地点 54 万千米、近地点 600 千米的大椭圆轨，开展拓展试验任务；11 月 9 日和 17 日，飞行器先后完成绕地大椭圆轨道远地点变轨控制和近地点变轨控制，并继续按照预定的地月转移轨道飞行；11 月 21 日实施了地月转移轨道中途修正控制；11 月 23 日到达近月点，并实施了月球借力轨道机动控制，飞向了地月 L2 点；11 月 27 日，服务舱进入环绕地月 L2 点的利萨如轨道；11 月 28 日实施了地月 L2 点绕飞期间第一次轨道维持控制。目前各项拓展试验顺利开展。这是世界上第一次从月球附近借助月球引力到达 L2 点，这种方式能够减少燃料的消耗，并对借助飞行轨道设计等深空探测的专用技术进行了验证。"嫦娥五号"试验器服务舱在地月 L2 点将环绕轨道飞行两圈，进行一些探测活动，有可能的话还会利用服务舱的设备进行拍照等活动。飞行器服务舱在此点停留到 2015 年 1 月 4 日 23 时，实施逃逸机动，飞离地月 L2 点。2015 年 1 月中旬飞回月球轨道。服务舱实现了环绕该点飞行三圈，开展了全新的科学探测任务，验证了轨道设计、轨道控制和轨道维持技术。

10. 返"回"的保证——"嫦娥五号"

简单地说，"嫦娥五号"探测器由四器两机构加一个总体构成，是全新的航天器。所谓"四器"分别是轨道器、着陆器、上升器和返回器，"两机构"是指交会对接机构和自动采样机构。

轨道器几乎参与采样返回任务的全过程，其作用是在整个任务过程中做好动力、服务和保障工作。"嫦娥五号"在器箭分离以后，进入地月转移轨道，轨道器负责把探测器的其他部分送到月球轨道；在采样阶段，轨道器带着返回器在月球轨道停泊等待；在上升器把样品带回月球轨道之后，轨道器负责与上升器对接；当样品转移到返回器之后，轨道器还负责把返回器送回月地转移轨道。在到达距地球约 5000 千米并与返回器分离后，轨道器的任务就完成了。

着陆器在器箭分离之后一直到准备落月之前，它与轨道器是一体的。在到达月球轨道后，着陆器带着上升器及采样机构同轨道器与返回器组合体分离，并确保在月球相对平坦的表面安全着陆。同时，还要保证采样机构能够采集到样品，并确保样品转移到上升器中。着陆器还有最后一个任务，就是为上升器提供一个安全起飞的环境。一旦上升器以着陆器作为起飞平台安全起飞后，着陆器就完成了它的使命。

上升器的主要作用是在落月以后负责把采样机构采集的样品封存起来，并将样品送到月球轨道。上升器完成与返回器和轨道器组合体的对接后，还要把样品转移到返回器中，最终上升器与轨道器、返回器组合体分离。

返回器的任务是在轨道器的辅助下，将样品从月球轨道带回地球，特别是在距地约 5000 千米时与轨道器分离后，返回器必须完全依靠自己安全返回地球。

11. 采样返回的特点

"嫦娥五号"的采样方案与国外完全不同。苏联的无人采样任务中没有采用交会对接，探测器直接在月球着陆，采样后直接返回地球。美国的载人采样任务是由航天员落到月面进行采样，然后回到月球轨道进行交会对接，这样做是为了最大限度地利用运载能力，并减轻落月压力。"嫦娥五号"虽然也是无人采样返回，但由于受到我国运载能力等各方面的限制，我们不可能采取苏联的那种采样方式，直接落月然后直接返回，而是让着陆器和上升器及采样机构落到月球表面，上升器在接收到采样机构采集到的样品后，与着陆器分离并自主起飞，重新回到月球轨道，与轨道器和返回器组合体对接，然后将样品转移到返回器中，最终轨道器携带返回器进入月地转移轨道，返回器回到地球。当然，这么做还有另外一个目的，就是想尽可能为未来的载人登月做些技术储备。另外，"嫦娥五号"的采样机构将用两种方式进行采样，一种是采集月球表面土壤样品，一种是钻取月球表面以下的土壤样品。"嫦娥五号"采集的样品预计是千克级，而苏联采集到的样品只有 300 多克，美国采集到的样品是 300 多千克，因此，可以说我国的无人自动采样返回方案是在汲取美国有人采样和苏联无人采样的经验教训的基础上，结合我国实际情况走出的一条新路，这是一个创新，当然难度也更大。

12. "月宫 365" ——挑战密封生存世界纪录

"月宫 365"是指在"月宫一号"中生活 365 天，实验人员分两组交替进行，每组 4 人，第一组 60 天，第二组 200 天，之后第一组再完成 105 天。"月宫一号"由北京航空航天大学教授刘红带领团队研制建立，是一个生物再生生命保障系统（简称 BLSS）。

12.1 它是干什么用的呢？

"月宫一号"是在地面上模拟未来太空生存保障模式，使进入太空后不再需要或很少需要地面物质支持，氧气、水和食物在系统内通过生物技术再生，宇航员可长期在站内工作和生活成为可能。这种长期高闭合度集成实验，在此之前，世界上只有美国、俄罗斯掌握这项技术。

12.2 "月宫"生活

生物再生生命保障系统被形象地称为"太空农场"，在"月宫一号"这个农场里，"太空农夫"是如何生活的呢？这要从"月宫一号"的户型结构说起。"月宫一号"由一个综合舱和两个植物舱组成。综合舱包括居住间（四间卧室）、人员交流和工作间、洗漱间、废物处理和昆虫间。植物舱采用三层立体栽培方式，使种植面积大幅增加，每个植物舱分隔为两个植物间，可根据不同植物生长需要独立控制环境条件。简单来说，这个"农场"除了"农夫"外，还住了植物、动物、微生物三类成员，因此，"月宫一号"成为世界上第一个四生物链环的人工闭合生态系统。

在"月宫一号"首次长期高闭合度集成实验中，栽培筛选出 5 种粮食作物（小麦、大豆、花生、油莎豆、玉米），15 种蔬菜作物（胡萝卜、豇豆、四季豆、紫叶油菜、紫叶生菜、奶油生菜、油麦菜、茼蒿、马齿苋、苋菜等），1 种水果（草莓）。

其中小麦种植用的"土壤"是一种经特殊筛选的无机基质，用特制的微孔管产生的负压进行按需供水，这种栽培方式在月球的低重力条件以及空间站的微重力条件下依然可行。"月宫一号"中植物生长所依赖的"太阳"就是 LED 光源。

"月宫一号"里饲养的动物黄粉虫可以算是明星乘员，它是国际上公认的安全可食用的虫子，含高达 60% 的蛋白质，还含有磷、钾、铁等常量元素和多微量元素。在"月宫一号"中，油炒黄粉虫就是一道营养丰富的家常菜。它呼吸产生的二氧化碳还为植物光合作用提供了原料。

"月宫一号"中还有一群数量庞大但常常被忽略的生物体——微生物群落，主要来降解废物。有的微生物还充当着系统保护者的角色，比如某些植物抗病微生物可以帮助植物抵抗病害，再比如人体的肠道益生菌群可以助消化。有的微生物如条件致病微生物，在环境发生改变时有可能变为致病菌，还有一些微生物寄居在舱室关键设备上腐蚀材料，有可能影响系统运转，因此，"月宫一号"要定期监测、清除有害微生物。

"太空农场"的四类成员就是通过上述过程完成了固体物质循环、气体循环和水循环，实现氧气和水 100% 再生、食物 80% 再生的目标，过上了"吃喝不愁"的生活。

12.3 借鉴

"月宫一号"借鉴了俄罗斯 BIOS-3 系统的经验和美国"生物圈 2 号"的教训，对每个生物单元都进行精确定量，系统可以实现人工调控和物质平衡，从而实现系统的长期稳定运行。"月宫一号"被称为能与地球媲美的"微型生物圈"。

13. 探索月球背面之谜——"嫦娥四号"领衔

"嫦娥四号"是"嫦娥三号"的备份，由于"嫦娥三号"已经圆满完成任务，"嫦娥四号"可能会进行适应改装。"嫦娥四号"任务已经探月工程重大专项领导小组审议通过，已于 2018 年 5 月成功发射，登陆月球的背面。"嫦娥四号"成为人类第一个在月球背面登陆的探测器。

13.1 为何去月球背面

早在 1972 年，"阿波罗 17 号"完成人类最后一次登月之后，"阿波罗 17 号"航天员，也是唯一一位登月的地质学家哈里森·施密特曾建议飞船登陆月球背面，到齐奥尔科夫斯基撞击坑开展科学考察。但最终登陆月球背面的设想没能实现。

对天文学研究而言，月球背面是一片难得的宁静之地。接收遥远天体发出的射电辐射，是研究天体（包括太阳、行星及太阳系外天体）的重要手段，称为射电观测。由于这些天体的距离遥远，电磁信号十分微弱，在地球上，日常生产生活的电磁环境会对射电天文观测产生显著干扰。所以天文学家一直希望找到一片完全宁静的地区，监听来自宇宙深处的微弱电磁信号。月球背面屏蔽了来自地球的各种无线电干扰信号，因而可以监测到地面和地球附近的太空无法分辨的电磁信号，为研究恒星起源和星云演化提供重要资料。

除此之外，月球背面更为古老，保留着更为原始的状态，具有不同于月球正面的地质构造，对研究月球和地球的早期历史具有重要价值。而地球上经历了多次沧海桑田，早期地质历史的痕迹早已消失殆尽，我们只能寄望于从月球上仍保存完好的地质记录中挖掘地球的早期历史。还有，月球尘埃作为月面探测面临的首要环境问题，有可能成为月球背面探测的科学目标之一。

13.2 为什么月球有正面和背面

由于月球背向地球的半球离地球较远，受到的地球引力较面向地球的半球小，即月球的腹背受力是不同的，如果月球自转周期与绕地球的公转周期不相等，那么月球上同一部位受到的地球引力是随时间变化的，将导致月球不同岩层之间摩擦，逐渐减慢自转的速度，最终使得月球自转的周期恰好等于它绕地球公转的周期，即月球被地球的引力潮汐锁定。潮汐锁定后，从地球上看月球，就永远只能看到月球的一面。

另外，月球在自己的轨道上绕地球运行的平均速度为 1.02 千米／秒。平均每天东移 13 度。因此，月球每天升起的时间是不同的，有时候白天升起，有时候晚上升起，升起时间平均每天比前一天推迟 50 分钟，一个月之后，又恢复原来的升起时间。

14. 广寒宫由神话变成"真实"

2016 年 1 月 4 日，经过为期 3 个月的公示，国防科工局和中国科学院联合在京发布了由国际天文学联合会正式批准的我国嫦娥三号着陆区 4 项月球地理实体命名，分别是广寒宫、紫微、天市和太微。

其中"广寒宫"就是嫦娥三号月球着陆点周边方圆 77 米区域，包括"玉兔"号月球车巡视路线及其东侧重要地貌，"广寒宫"取自中国古代神话中嫦娥和玉兔居住的宫殿。"紫微""天市"和"太微"是紧邻嫦娥三号着陆点周边区域三个较大的撞击坑，取自中国古代天文图中的"三垣"，即紫微垣、天市垣和太微垣。

14.1 命名要申请

2013 年 12 月 14 日 21 时 11 分，嫦娥三号探测器成功着陆在月球虹湾区地区。这是中国航天器首次在地外天体实现软着陆。在后续的时间里，嫦娥三号着陆器和"玉兔号"月球车成功分离，开展的科学探测活动获得了大量的数据。为规范统一嫦娥三号着陆区地理实体的名称，促进科学研究和学术交流，我们及时向国际天文学联合会提出了命名申请。

基于嫦娥三号着陆区域地理形貌特点，我们将嫦娥三号着陆点周边区域划分为四个方位区，结合中国古代天文星图"三垣四象二十八宿"的星官名，提出了月球地理实体的命名建议。获得批准的三个撞击坑命名，就是取自古天文图中的"三垣"。这种以中国古代天文成就来命名我国当代月球探测成果的方式，表达了我们对中国古代天文工作者和天文科技成就的敬意。

还有 12 项命名申请，由于地理实体的尺寸达不到月球命名关于"月球地理实体直径（或长度）须大于 100 米"的要求，未获得官方批准，但国际天文学联合会认可这些命名在科学研究和学术交流中的使用。

14.2 月球上的中国名

2007 年绕月探测工程成功后，利用获得的全月面影像数据，中国向国际天文学联合会提出了首次月球地理实体命名申请，蔡伦、毕昇和张钰哲 3 个撞击坑命名于 2010 年 11 月获得正式批准。至此，中国和其他国家申请并批准的以中国元素命名的月球地理实体达到了 22 个。

月球地理实体命名作为月球科学与应用的重要成果，体现了我国当前月球探测的综合能力和国际影响力。未来我国将继续开展月球与深空探测活动，积极扩大工程的科学产出和成果应用，为国家创新发展、人类科技进步做出贡献。

15. 横空出世——中国将造月球科研站

据报道，国家航天局探月与航天工程中心相关负责人透露，目前我国正在开展月球科研站的论证，设想建立能源长期供给、自主运行、无人值守的月面基础设施，开展以机器人为主的科学研究和技术试验。

我们在科幻影视节目中常常可以见到月球建站、火星基地，这些都是很普通的描绘。但作为科研目标进行论证却需要足够的实力和勇气。我国为什么要鼓起勇气到月球建站呢？

一方面，因为我国的探月发展将进入新阶段。2004 年我国探月工程启动，随着"嫦娥"姐妹们的前仆后继，目前已走完"绕落回"三步计划的前两步。2018 年我国发射了嫦娥四号，计划在月球表面采样返回的嫦娥五号也将尽快发射。届时，我国探月工程完成三步走计划，那么之后去何方？国家航天局给出的答案是实施探月工程四期"在未来五年、十年开展两次以机器人为代表的月球南北极的探测"。这就不再是目标单一的往返地月的探测，而是耗时更长、难度更大、过程更复杂，甚至需要依托月面大型科研设施才能完成的。月球建站为这种探测提供了可能。

另一方面月球建站也着实符合全球思路。矿产丰富、引力很小、没有大气，月球这种独特的环境，让其成为科学家心目中理想的研究目标。美国在几年前就联合多国发起"国际月球网络"活动，计划逐步在月球上建立数个科学站。目前，美国又高调宣布重返月球。欧洲航天局也在全球推广"月球村"计划，设想在月球建设可供人类工作和居住的基地。可见，世界各国对月球的向往从没有停止过，而常驻月球则是一切的开始。

三、"应该高起点"——火星探测

1. "我国火星探测应高起点"

我国绕月探测工程首席科学家、长期系统开展各类地外物质、天体化学与地球化学等研究的中国科学院欧阳自远院士认为，根据国际深空探测的发展历程，各国一般在开展首次月球探测后的 2 年至 3 年内即开展首次火星探测。而目前距离我国首次探月任务嫦娥一号的发射已过去快 10 年了，火星探测即使目前开展研制，根据航天工程的研制周期，到首次火星探测任务的发射，还需要大约 5 年左右的时间，届时距离我国首次探月已经过去 15 年。因此，我国自主发射火星探测器一定要抓紧，再等下去，留给我们的空间不大了。

图 3-1　火星

我国火星探测任务必须坚持在较高的起点开展，才能尽量缩小与国外先进水平的差距，同时，要具有创新性。早期的火星探测大多从环绕探测起步，逐渐发展到环绕和着陆探测相结合，近年来已经发展到以巡视探测为主的阶段。随着我国航天技术的进步和对火星表面了解程度的加深，直接跳过单纯环绕探测阶段，将环绕探测与巡视探测相结合，是我国高起点开展火星探测的理性选择。欧阳自远院士还认为，中国火星探测计划既要建立中国的火星全球数据库，又要在前人的基础上有独特的贡献。从科学目标来说，重点有以下几个方面：

一是通过全球探测和区域探测相结合，完成火星全球地形、地貌、土壤和岩石的成分的勘测，获取火星全球数据，研究火星演化的历史；

二是监测火星全球环境，包括火星电离层、磁场、气象变化等，火星大气压低，风速快，容易产生台风、飓风和沙尘暴；

三是探寻火星生命或曾经存在过生命的遗迹。

2009 年 6 月 10 日，中国科学院公布了"中国 2050 年科技发展路线图"。其中指出，到 2050 年左右，要实施载人登陆火星的战略目标。中国的火星探测计划共分为四个阶段：

一是准备阶段，对火星环境进行分析研究，制定探测目标，技术研发和寻求国际合作；

二是发射环绕火星的卫星，探测火星的环境（包括火星磁场、电离层和大气），为今后探测火星软着陆做准备；

三是发射火星着陆器和火星车，在火星上软着陆，并为在火星上建立观测站做准备；

四是建造火星表面观测站，即在火星上建立观测站，并建立由机器人照料的火星基地，大力发展地球—火星往返式飞船，为今后的载人火星飞行和建设有人观测的基地提供条件。

2. "提森特"火星陨石中的重大发现——中国林杨挺研究团队的功绩

中国科学院地质与地球物理研究所林杨挺研究团队早在 2013 年 3 月在美国休斯敦召开的"月球与行星科学讨论会"上，报道了在"提森特"（Tissint）

火星陨石中发现了具有生物成因特征的碳颗粒，表明火星可能曾有过生命的初步成果。2014年12月1日，在国际著名的学术杂志《陨石学与行星科学》上正式发表这一重要论文，对火星可能曾有过生命给出了迄今为止最令人鼓舞的科学论据。"好奇"火星车在火星的岩石样品里探测到有机成因的碳，只是印证了中国学者的研究成果。

图 3-2　火星探测器科幻图

"提森特"火星陨石于2011年7月降落在摩洛哥的沙漠中，并很快就被收集到。它是迄今为止最新鲜的火星岩石样品，最大限度避免了地球的污染和风化。林杨挺研究团队自2012年4月至2013年12月，利用该研究所的激光拉曼谱仪和纳米离子探针，对"提森特"火星陨石，开展了系统的精细分析测试与研究，发现了火星陨石中的几微米大小的碳颗粒。研究团队利用纳米离子探针对碳颗粒进行了精确的碳同位素组成分析，结果表明，这些碳粒子的碳同位素特征相对于火星大气的二氧化碳和火星上的碳酸盐而言，更富集轻的碳同位素，与地球上的煤非常类似。为了进一步确认这些有机质来自火星本身，林杨挺研究团队利用纳米离子探针分析了氢及其稳定同位素氘的比值（D/H）。分析结果表明，这些有机质的氢同位素组成完全不同于地球上的有机质，而是富氘的典型火星物质特征，因此可以确定它们是来自火星而没有被地球物质污染。这些碳颗粒在陨石样品中以两种形式出现，即大部分颗粒充填在矿物晶体的微细裂隙中，还有一部分颗粒被完全包裹在硅酸盐熔脉中。这些硅酸盐熔脉是由于小行星在火星表面强烈撞击产生的高温高压，使样品局部熔融形成。碳颗粒包裹在这些冲击熔脉之中，说明它们的形成比火星上该地区在遭受到小行星撞击的事件还早，这也是火星来源的另一重要证据。此外，包裹在冲击熔脉中的碳颗粒有一部分在高温高压条件下还发生了高压相变，形成纳米粒度的金刚石。"提森特"火星陨石中有机碳的碳同位素组成比火星大气的二氧化碳、碳酸盐等的碳同位素组成都要轻。作为对比，地球上的煤、沉积物以及石油等也具有轻的碳同位素组成，而地幔、大气、海洋碳酸盐等的碳同位素均较重。这也是迄今为止所有报道的火星上可能曾有过生命活动的最有利证据。

3. "萤火1号"壮志未酬

"萤火1号"是我国探测火星的先行者。研制团队从2006年10月开始预研到2009年6月胜利完成，仅用了32个月（一般需要5年左右）。他们克服的技术难关数不胜数，其中尤以在零下260℃的超低温环境中，"萤火1号"不会被"冻死"的"深冷环境适应性技术""活动部件及电子器件的休眠—唤醒技术""整星磁清洁控制技术""深空测控技术"和"姿控自主控制技术"这5道关隘最为险峻、艰难。

"萤火1号"高60厘米，长和宽均为75厘米，太阳帆板展开可达7.85米，重110千克，设计寿命为2年。装有离子探测包、光学成像仪、磁通门、磁强计、掩星探测接收机等8样特种设备，用以探测火星的空间磁场、电离层和粒子分布及其变化规律，探测火星大气离子的逃逸率，探测火星的地形、地貌和沙尘暴以及火星上水分消失的原因等等。

根据计划，"萤火1号"需要先搭载在俄罗斯的"福布斯—土壤号"火星探测器上飞行10个月，然后分道扬镳独自进入绕火星的椭圆形轨道，在近火点（距离火星最近点，800千米）和远火点（距离火星最远点，80000千米），轨道倾角±5度的火星大椭圆轨道上，实施探测任务。遗憾的是，搭载的俄罗斯"福布斯—土壤号"探测器在火星飞行的初期就折戟太空，致使我国的"萤火1号"壮志未酬。

图 3-3　火星探测器模拟图

2012 年 11 月 9 日，俄罗斯的"福布斯—土壤号"火星探测器发射升空。它的主要目的是从火卫一上采集土壤样本，并送回地球。该探测器同时搭载了中国首颗火星探测器"萤火 1 号"，这是中俄联合探测火星的一次计划。当"福布斯—土壤号"探测器在与"天顶号"火箭分离进入近地轨道后，按原要求，探测器上的主发动机应即时启动，将探测器送入飞往火星的轨道。不幸的是，该探测器主发动机始终"沉默"。意外事故的出现，最终导致"福布斯—土壤号"和"萤火 1 号"双双夭折！

4."火星 500"试验有中国人

俄罗斯从 2003 年开始策划，组织了一个多国参与的探索火星的国际试验项目，定名"火星 500"。它是人类首次在地面上模拟登陆火星和返回火星的全部经历。试验共进行 3 次：2007 年 1 月 15 日至 29 日进行了为期 14 天的试运行测试，随后又进行了两次试验，时间是 2009 年 3 月 11 日至 7 月 14 日和 2010 年 6 月 3 日至 2011 年 11 月 4 日。其中最关键的是第三次共 520 天的试验，参加测试的志愿者共 6 名，其中有一位叫王跃的中国人。志愿者顺利完成了"火星之旅"。

"火星500"项目，除了太空飞行重力变化和太空辐射环境没有模拟外，其他所有方面都做了逼真的模拟，具体模拟这样一些方面：

一是生活环境的模拟。志愿者生活的试验舱与航天员将来真正生活的太空舱是一样的。

二是飞行程序实验。在520天的向火星飞行中，全部按照真实的飞行状态1：1的模拟。

三是通信和通信延时的模拟。志愿者在模拟舱内不能看电视也不能上网，与地面的通信完全模拟真实的飞行中天地通信的状态。延时通信的模拟从第54天起实行，第一天延时1秒，随着实验的推进，延时越来越长。

四是登陆火星的模拟，模拟在火星上工作。

那么为什么要进行"火星500"试验？首先是航天技术方面的挑战，登陆火星与登陆月球根本无法相提并论。另外，在飞向火星的漫长征途中，航天员必须长期处在一个狭小、密闭的航天器环中，对人的承受能力提出了极大的挑战。从生理上来说，有可能使免疫功能下降，容易出现急病症；从心理上来说，由于成员间文化背景、生活习性以及个性等方面的不同和差异，航天员会产生焦虑、紧张等情绪。人类目前在太空的最长纪录是438天（由俄罗斯航天员波利亚科夫在空间站上创造的），但往返火星所需的时间肯定会超出438天。再从医学保障角度来看也是个棘手的问题，那样长时间的飞行且环境等条件极差，生病是很正常的，生了病怎么办？通信时间的延迟也会带来种种麻烦，比如在火星上讲一句话，通过信息传输到地面需要十几分钟，就算信息立刻返回又是十几分钟，这一来一回时间的延迟，所造成的影响想想都可怕！凡此种种，都必须在把人类送上火星之前考虑清楚。我们必须在地面上模拟好载人探测火星的全部过程，才能对所出现的问题提前做好应对的准备。"火星500"试验，就是一项应对的准备！

5. 神奇的"中国筷子"

"中国筷子"是一个具有鲜明特征的形象化比喻，实际上，它是欧洲航天局发射的"火星快车"探测器中的一个关键器件——岩芯取样器，具有磨、钻、挖和抓取土质等许多功能，之所以命名为"中国"，是因为它是由中国人研制成功的。它的发明者就是香港理工大学工业中心总监黄河清博士，地地道道的中国人。又之所以称为"筷子"，原因是岩芯取样器的功能和筷子有几分相似之处，都是用于抓取物品的。"火星快车"是由欧洲航天局研制的探测器，用于探测火星上是否有水和矿物。当"火星快车"探测器到达火星轨道后，探测器上会展开一对长20米的雷达天线，雷达发出的低频无线电波可以穿透火星地表，探测地表下是否有水及矿物，然后将所得到的图片及数据信息传送回地球。

在"火星快车"探测器上装有"贝格尔2号"着陆器，其主要任务除了寻找水、研究火星现在的气候变化特征等外，最重要的活动就是采集土壤和岩石样本进行分析。也就是说，"贝格尔2号"最终将离开"火星快车"探测器，在降落伞和气囊的保护下，在火星表面软着陆。虽然"贝格尔2号"本身不会活动，但它会放出被称为"鼹鼠"的爬行器，以每6秒1厘米的速度在"贝格尔2号"周围爬行，收集样品，然后在机械臂的帮助下将样品送到"贝格尔2号"内进行分析。

"中国筷子"就是"贝格尔2号"的贴身法宝。"中国筷子"可以轻松地抓住直径20厘米以下任何形状的物体，和同类仪器相比，它更为轻巧，重仅370克。它不仅可以在地表下进行挖掘，还能毫不费力地完成切割和打磨等一系列复杂的取样工作。它也是人类搜寻火星生命的关键工具。

据说"中国筷子"最初的灵感来自牙医用的抓钳工具，后逐步发展成七十多件可相互接驳的灵巧组合。早在1995年，"中国筷子"就曾被应用于俄罗斯的"和平号"空间站，为航天员在太空进行精密焊接立下汗马功劳。

6. 火星正等待中国人——2020年左右发射首颗探测器

根据权威报道，时任国家航天局局长许达哲介绍说，2016年是"十三五"开局之年，中国火星探测任务正式立项。并在"十三五"规划的末年，就是2020年左右发射一颗火星探测卫星。我们做的是想一步实现绕火星的探测和着陆的巡视，这相当有难度。

所谓"一步实现"是指我国首次实施火星任务时将一次性实现"绕""落""巡"三步并作一步走，为我国火星探测后发追赶提供契机。许达哲讲，火星探测是空间科学界和航天界关注的一个重大方向，2016年1月11日正式批复首次火星探测任务，因为每一个窗口要26个月才能遇到。我们正在严密地制定工程计划，争取在2020年这个窗口发射探测和着陆巡视的火星探测器。

这里要简要介绍一下"发射窗口"：火箭发射航天器有一个时间范围要求，这是一项非常重要的工作。也就是说，进入太空的路径和时间是有条件限制的，这种限制，专业上称为"发射窗口"。根据计算，飞往行星的"发射窗口"每隔1—2年甚至2年以上才有一次，比如，发射至火星的"发射窗口"时间需26个月。选择"发射窗口"要考虑到航天任务和外界限制条件，包括天体运行轨道条件、航天器的轨道要求和工作要求，以及发射方向、地面跟踪测控、气象等其他因素，只有选择正确的"发射窗口"，才能确保火箭发射成功。

许达哲还讲，这对我们是一个挑战。因为现在美国能够在火星上着陆和巡视，俄罗斯能够着陆，而我们要能够一步到位，这是一个很大的跨越。这样可以研究火星的土壤、环境、大气，以及我们关注的水。因为研究这些还是要研究人类自己、生命的起源是什么、地球所处的环境是什么，火星在很多方面跟我们比较相近，它有一定的大气，和月球又不太一样，这也是中国迈入深空探测真正意义。尽管我们的探测器已经进入了深空，但是在深空进行探测还需要火星探测任务来完成实现。因此，火星探测已经成为我国深空探测的重点，可以预期我国未来的火星探测任务将逐步增多，探测方式将更加复杂，地面和探测器间的通信面临着巨大的挑战，需要功能强大的通信服务支持。火星中继通信最好能有长达10年左右的寿命周期，使之能提供5个发射窗口内的火星探测中继通信服务。因此，我国未来的火星探测轨道器应追求尽可能长的设计寿命，以服务后续火星探测的中继通信需求。同时，应加强火星科学研究和着陆关键技术预研。我国在火星科学基础研究方面的积累较少，火星科学的研究队伍尚未形成规模，迫切需要重点加强人才队伍建设特别是青年科学家的培养和支持。

7."我所了解的火星浮空器"

下面是北京人大附中一名高三学生对火星浮空器的了解和提出的设计方案。

目前，人类已经实现了对火星的飞越、环绕、着陆探测，下一阶段目标为采样返回和载人登陆。在已实现的探测方式中，飞越与环绕探测可实现对火星全球范围覆盖，但是分辨率相对较低；为了取得较高并且扩大探测范围，研发空基火星探测器就显得尤为重要。空基飞行器包括飞机、直升机、气球和飞艇等。我们所说的火星浮空器就是指它们。尤其气球和飞艇等浮空探测器具有使用寿命长、适应地形广、可重复安全垂直起降等优点。当在获得需要详细探测的目标区域后，可使用无人飞艇对其进行地毯式勘察与探测。我国在临近空间浮空器领域已有十多年的研制经验。随着临近空间浮空器技术的日益进步，研制火星浮空探测平台的时机已经成熟。本方案是在临近空间浮空器技术的基础上而成的。临近空间浮空器经过多年发展，目前已突破了飞行器轻强耐候囊体材料、大型超压半软性太阳能电池、高效螺旋桨推进、持久飞行控制以及发放收回等关键，谷歌气球目前已能实现长达 6 个月的临近空间驻空飞行。火星浮空探测器由氦气球与充气系统、能源系统、航电系统、推进系统、热控系统和载荷系统构成。展开方式有两种：空中展开与陆地展开。

图 3-4　火星浮空探测器模型

7.1　火星浮空探测器空中展开方案设计

探测器由火箭从地球表面发射，经过地火转移段若干次轨道修正进入火星引力范围，被火星俘获。待修正至目标探测区域上空时，择机进入火星大气。在穿越火星大气时利用探测器折叠舱气动外形减速，飞行至预定开伞高度打开引导伞，引导主降落伞弹出进一步减速；到达预定充气高度时气球开始充气，切割主降落伞、释放折叠舱，使探测器飞行至预定高度，进入工作段。

7.2 需要克服的关键技术——超压囊体技术

火星浮空探测器的飞行环境异常严酷，需要经历上百度左右的昼夜温差。在低温环境下，囊体蒙皮材料容易由于疲劳出现针孔泄漏；而且由于浮空器运载过程中需要打包折叠，出现多次形变，对蒙皮材料提出了更高的要求。目前较为常见的是空中充气展开方案，该方案的实施需要研究展开过程中的结构受力与传递、防撕裂展开方式、充气全程的囊体状态预测与调整等问题。常规浮空器往往无需考虑系统尺寸问题，目前主流的临近空间浮空器尺寸已接近 100 米。但是，由于需要折叠放飞，深空浮空探测器是一种对质量和体积尺寸较为敏感的飞行器。因此，在总体设计时需对其进行尺寸与质量灵敏度优化，例如囊体蒙皮需选用轻质高强度材料，结构设计应充分考虑折叠需求等。此外，对于各分系统应进行融合设计，尽量减小系统构成复杂度，降低质量。由于火星与地球之间通信延迟较高，操纵员无法对火星浮空探测器实时进行操控，因此要求其具备自主管理与控制功能，如自主执行探测方案、规划飞行路径、进行飞行轨迹修正等。但是，由于浮空器搭载能源有限，且火星大气稀薄，其无法进行大动力飞行，仅可在必要时利用推进系统对其轨迹进行修正。

四、航天新征程

1. 中国北斗跨进全球组网时代

2017 年 11 月 5 日 19 点 45 分，在我国西昌卫星发射中心，北斗三号全球组网卫星首次发射取得圆满成功，开启了北斗卫星导航系统全球组网的新时代，北斗卫星导航系统"三步走"发展战略进入"最后一步"。

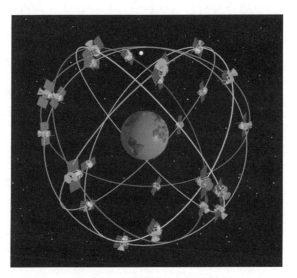

图 4-1　卫星导航系统示意图

根据北斗卫星导航系统"三步走"发展战略，我国于 2000 年"第一步"建成北斗卫星导航试验系统；"第二步"建成由 14 颗组网卫星和 32 个地面站天地协同组网运行的北斗二号卫星导航系统；"第三步"是到2020年前后建成由30颗卫星组成的北斗卫星导航全球系统，即北斗三号。这一次，北斗从区导航定位服务前，我国就开始了北斗三号全球导航系统的论证研制工作，确定了建设独立自主、开放兼容、技术先进、稳定可靠的全球卫星导航系统的发展目标。针对全球导航服务需求，北斗三号采用了一系列创新技术，力争使该系统建成后性能与GPS等世界一流卫星导航系统相当，达到国际先进水平。

技术先进表现在，新一代铷原子钟精度大幅跃升。作为关键载荷产品的原子钟，素有"导航卫星的心脏"之称，在导航卫星上发挥着提供时间基准的作用，其准确度和稳定度将直接影响导航卫星的定位、测速和授时精度。为了提高全球服务的精度，北斗三号首发双星上配置了新一代高精度铷原子钟。该铷钟体积更小、质量更轻，通过电路噪声抑制技术、温控电路改进等措施，大幅提升了关键性能指标。新一代高精度铷原子钟每天的频率稳定度比过去提高了10倍，北斗三号全球导航系统的定位精度将提升1—2倍，达到2.5米—5米水平，测速和授时精度也同步提高一个量级，为北斗卫星导航系统更深入广泛的社会应用打下基础。除了铷原子钟，北斗全球卫星导航系统的后续组网卫星上还将配置性能更高的新研国产氢原子钟。氢原子钟其功能、性能稳定，为北斗全球卫星导航系统的建设进行了技术探索。

图4-2　卫星导航应用示意图

北斗作为一个覆盖全球的系统工程，要提供连续、稳定的服务，至少需要20多颗卫星同时运行，且信号不中断。这样的特性使北斗卫星导航系统对产品的可靠性要求更为严苛。北斗三号卫星的设计寿命由原来的8年提升至10到12年。更重要的是，研制队伍首次提出"保证服务不间断"的指标。

目前，北斗系统非计划中断指标压缩至每年0.4次，低于国际其他卫星导航系统。北斗三号还是世界上首次实现了卫星在轨自主完好性监测功能。所谓完好性，就是当导航系统服务精度误差超限时，向用户发出及时、有效告警的能力。这一其他卫星不太考核的指标，对于重视用户体验的北斗导航卫星来说，却是极其重要的。具备自主完好性监测功能的北斗三号能星上自主判断错误，在几秒之内向用户终端发出告警信号，终端会自动优选信号更完好的北斗卫星进行导航，避免事故的发生。这一功能对民航、自动驾驶等生命安全领域用户来说，具有极强的实用价值。

中国的北斗可以说是全世界唯一一个由3种轨道卫星构成的导航系统。北斗三号全球导航系统的卫星主要分布在中圆地球轨道（MEO），少量也分布在地球静止轨道（GEO）和倾斜地球同步轨道（IGSO）。北斗三号作为一个星座，发展既要向下兼容，也要向上兼容。"上下兼容"指的是北斗三号后续除了具导航、定位、授时等基础功能，还将有增量发展方案。下一步北斗三号的导航和通信功能也会结合起来，增加卫星的搜救、全球位置报告、星基增强甚至对高轨卫星的空间导航功能。

2. 北斗"翱翔九天、造福众生"

2016年6月，中国政府发布《中国北斗卫星导航系统》白皮书，指出中国政府高度重视北斗系统应用及产业化，将北斗产业列为战略性新兴产业予以重点推进。目前，我国已形成包括基础产品、应用终端、运行服务等较为完整的北斗产业体系，还构建形成了北斗产业保障、应用推进和创新三大体系。在产业保障体系方面，制订出台国家有关产业政策，加强卫星导航标准化建设，构建卫星导航产品认证体系，建设位置数据综合服务体系。2013年，我国发布了《国家卫星导航产业中长期发展规划》，至2020年我国卫星导航产业的规模将超过4000亿元，而北斗在导航应用领域贡献率为"基本领域

60%，重点领域 80%"。同时在《关于加快推进"一带一路"空间信息走廊建设与应用的指导意见》《"十三五"国家战略性新兴产业发展规划》等一系列重磅文件中，都提及推进北斗系统发展。可以想见，未来北斗系统应用与产业化发展更加如虎添翼。

在产业应用推进体系方面，我国着力推进北斗系统在国家安全和国民经济发展关键领域的应用，积极引导北斗系统在智能手机、车载终端、穿戴式设备等个人消费领域的大众应用。我国已在关系国计民生、国家安全的重点领域，开展北斗行业／区域示范应用；海上运输、气象、渔业、公共安全、民政减灾救灾、林业等 11 个行业示范，以及长三角、京、陕、湘、贵、鄂、苏等 17 个区域示范正在全力实施，已取得显著的经济和社会效益。

图 4-3 北斗系统应用于生命救援

在产业创新体系方面，开展了北斗兼容其他卫星导航系统的芯片、模块、天线等产品研发，鼓励卫星导航技术，创新体系建设，促进北斗系统与移动互联网、大数据、云计算等新型技术等产业的融合发展。

据预测，到 2020 年，全球物联网市场将有数万亿美元的市场机会，有250 亿个智能设备同时在线。可以想见，位置服务、高精度定位、生活化应用、智能集成等，会是北斗系统将面临的一块巨大的市场蛋糕。

3. 北斗应用篇之中华的北斗

我国开始积极探索适合我国国情的卫星导航定位系统的技术途径和方案，始于20世纪70年代末。自2000年发射第一颗北斗导航试验卫星，到2016年建成北斗二号卫星导航系统——我国首个可与国际先进系统同台竞技的航天系统，历时16年。中国北斗导航卫星系统走出了一条独立自主的建设之路。

图 4-4　微型卫星地面站

随着北斗二号卫星工程建设的圆满完成，我国已摆脱了对国外卫星导航系统的依赖，掌握了时空基准控制权、卫星导航产业发展主动权、国际规则制定话语权，为我国经济建设和国防安全提供了有力保障。"国产化"贯穿了整个北斗卫星导航系统的研制进程。近几年，我国发射的几颗新一代北斗导航卫星，目前在轨运行良好，证明了我国国产化能力已满足可靠性要求。在北斗三号前期论证中，研制团队也明确提出关键器部件国产化自主可控的目标。目前，北斗三号系统国产化成果丰硕：星上100多个部件达到100%国产化，十几万个元器件无论是从种类还是数量来说，国产化比例均超过90%，核心元器件都实现了自主可控。据了解，连过去极其依赖进口的行波管放大器、电源控制器等部件，在北斗三号上也实现了国产化。

以北斗三号的控制分系统为例，该分系统不仅具有"中国芯"——CPUBM3803，还被注入了"中国魂"——计算机操作系统SPaceOS2。这两款核心产品均为中国航天科技集团公司自主研制，性能处于国际先进水平。部件和元器件的国产化作为整个北斗工程的一个重要缩影，对我国基础工业有着极大的推动和牵引作用，同时，国家工业基础的进步反过来也保证了北斗系统的顺利发展。北斗三号不仅努力实现本身自主可控，其相关成果也在为其他型号的国产化默默发挥着积极作用。它的CPU、小型一体化星敏感器产品也将用于后续的嫦娥、神舟、高分等型号。

图4-5　北斗卫星导航系统

4. 北斗应用篇之身边的北斗——交通运输与车辆监管

卫星导航技术最显著的应用就是交通运输，可为船舶、汽车、飞机等运动物体进行定位导航，如船舶远洋导航和港引水、飞机航路引导和进场降落、汽车自主导航、地面车辆跟踪和城市智能交通管理，以保证现代交通运输系统高效、安全、准确地运行。随着经济的发展，我国已经从一个资源、能源的出口国转变为资源和能源的纯进口国，为此，资源与能源海上运输的效率与安全已成为关系到我国经济发展与经济安全关键性问题。海上运输具有全时、全天候和全球性的特点，而卫星导航技术在海上运输中具有不可替代的位置，无论是雷达导航，还是无线电导航系统等均受到不同因素的限制。因此，卫星导航已经成为保障海上运输效率与安全最重要的导航、定位方法。

再说说北斗系统在城市内交通运输与车辆监管方面的应用。渣土车无疑是2016年北斗交通运输与车辆监管领域最闪亮的应用，渣土车不装北斗不许上路，以北斗系统监管渣土清运。

孩子的上学安全，是父母与老师最关心的问题之一。2016年，湖南、贵州、江苏、山东等省相继加入北斗校车的行列，以北斗监管校车，为孩子带来安全的上学路。而进行公车改革，北斗系统为他们提供了新式的管理方法，信息化手段让公车改革科技味十足。

除了上述"三车"，北斗系统在交通领域的应用可谓五花八门：公交车、出租车等车辆的北斗应用现已相当成熟，网约车加入北斗系统、物流电商平台与北斗对接、北斗自动驾驶汽车诞生、北斗高精度在车辆后视镜的应用……这一系列新兴的北斗交通应用，让北斗焕发了无限的应用生机。

现在我们出行，路上走的多，水里游的呢？同样也有北斗系统的用武之地。内河轮渡的北斗监管、海洋灯塔的北斗守护、远洋船舶的北斗通讯……你在水上飘摇时，北斗系统给你温暖。

5. 北斗应用篇之身边的北斗——智能应用

北斗卫星导航系统它正在逐渐走进我们的生活，让我们的生活更加智能。那北斗系统为我们带来了哪些智能应用？

5.1 "北斗菜"：让你吃上放心菜

一个竹篮里放着黄瓜、茄子，上面都贴着二维码，用手机一扫，就能知道这些蔬菜是从哪个农场采摘运送过来的，用的是哪家公司的种子，什么时候播的种，种植过程中施过几次化肥等信息，这些蔬菜的"前世今生"全方位追踪掌控。北斗与物联网技术的深度融合，让智能之光在食品安全领域发出光芒。

5.2 北斗学生卡：孩子去哪都知道

一张并不特殊的学生卡，却能让家长通过手机便能查询孩子的实时位置，孩子遇险还能向家长一键求助。孩子如果偏离学生卡设置的行动范围，家长也会收到报警信息。基于北斗系统的智能学生卡，让孩子上学安全又多了一份保障。

5.3　共享单车：安装了北斗智能锁

共享单车还可以用北斗三号高精度定位功能提供"电子围栏"技术进行管理，大大降低其社会管理成本。

5.4　北斗海上聊：想聊就聊

广袤的海洋，缺乏公网信号覆盖，卫星电话又超贵，这让海员与亲朋好友的联络成为一件"奢侈"的事。"互联网＋北斗短报文"让北斗海上聊应运而生：用户在手机上安装海上聊 App 后，通过蓝牙方式与北斗通信终端连接，即可在海上聊 App 上发送免费的卫星短信给陆地上亲友，亲友收到手机短信后可直接回复信息。

图 4-6　卫星电话

5.5　北斗产业链：持续延伸

目前，我国已形成由芯片模块、应用终端、运行服务构成的较为完整的北斗产业链。据统计，2016 年国内导航定位终端产品总销量突破 5.3 亿台，其中具有卫星导航定位功能的智能手机销量达 5.1 亿台。汽车导航后装市场终端销量达到 800 万台，前装市场终端销量突破 550 万台。

北斗三号上天后，出口汽车前装导航会更多地安装北斗系统，未来有很大的市场。不仅如此，北斗产业链还可以持续延伸，从而实现位置服务的各种新型服务模式。实际上，"北斗＋智慧城市""北斗＋智慧旅游""北斗＋智慧养老"已经出现在大众身边。

5.6 北斗为清洁工减负——无人驾驶清扫车

北斗的高精度定位结合其他先进技术，就可以让清扫车无人驾驶。试想在马路上看到这样一辆正在打扫卫生的车辆，会是怎样的感受？要知道这样的无人驾驶清扫车不久便会在街头出现。

6. 北斗应用篇之身边的北斗——防灾救灾

在紧急救援上，基于北斗卫星导航系统的导航定位、短报文通信以及位置报告等功能，已实现全国范围的实时救灾指挥调度，应急通信、灾情信息快速上报与共享等服务功能，极大地提高了灾害应急救援的快速反应能力和决策能力。在 2008 年南方冰冻灾害、汶川抗震救灾，2010 年玉树抗震救灾、舟曲泥石流救灾中，北斗卫星导航系统都大显身手。在这些抗震救灾工作中，北斗短报文功能，让救援部队和指挥部的联系保持顺畅；借助北斗用户机，使灾区的各乡镇甚至村社都建立了通信联系，并使后方指挥部实现了"看得见"的救援指挥。特别是我国自主研发的"基于北斗的救灾应急指挥调度系统"为灾区搜救工作提供了诸多帮助，成为抢险救灾过程中最有力的通信手段。无人值守的"北斗远程自动数据采集系统"对堰塞湖和众多水库进行实时监测和灾害预警，避免了人工勘测的危险。

我国将北斗技术与井下监测技术相结合，实现了对井下瓦斯浓度、风机转停等关键参数的实时监测，数据流从矿井口的监测站（PC 机＋北斗用户机），通过北斗卫星导航系统数据链路传送到北斗卫星运营服务平台，经平台转发，通过有线或无线网络传到各级监测中心，实现对矿井瓦斯、风压和设备工作状态等数据的远程监测，为我国的煤矿安全生产又提供了一种有效的监测监控手段。

由于北斗可实现全国范围的无缝覆盖，具有定位、授时、短报文等功能，所以为森林防火、扑火的指挥调度提供了新的技术，有效解决了火场定位、侦察、引导扑救、后勤保障、损失评估等问题。

2014年3月，马航MH370航班失联，安装了北斗定位导航设备的中国海警3411船是第一个赶到失联海域的国内公务船。

2016年，黑龙江、陕西等省利用北斗高精度的形变监测应用，对桥梁、水库山区铁路、旧房危房进行防灾监测。哪怕小到毫米的位置移动也难逃北斗高精度的法眼。北斗系统默默地为百姓的生命安全构建坚固的防线，以科技化的手段将灾害危险防患于未然，提升百姓的幸福感。

7. 北斗应用篇之身边的北斗——精细农业

卫星导航技术现已用于农场规划、田间测图、土壤取样、拖拉机引导、作物田间检测、播种速度选择以及肥料、杀虫剂和产量检测系统。在应用卫星导航技术之前，农民为不同的土地匹配不同生产技术和设定作物产量是非常困难的，这就限制了他们为增产找到最有效的耕作方法。今天，卫星导航设备能够提升农药、除草剂、肥料使用的精度，同时更好地控制化学物质的扩散，从而降低成本、扩大产量，创造环境友好型的新农场。

图 4-7　精细农业生产

我国很早就成立了精细农作研究中心，研究和探索适合于我国的精细农作之路。北京市于2000年启动了占地2000亩、为期3年的精细农业示范工程。精细农作的实践将为我国实现可持续发展的"高产、高效、优质"农业生产提供新的途径。可以相信，随着我国北斗卫星导航系统的应用，精细农业会迅速发展。

目前，北斗农业应用的足迹遍布大江南北，让传统的农业生产充满了现代化科技的魅力，节省了更多的人力、物力与财力。当北斗系统结合农田管理系统，实现可视化、集成化、系统化应用，让农业现代化的脚步不断加快。下面简要介绍北斗农业应用的一些实例：新疆建设兵团一〇五团13台播种机安装北斗导航播种系统。江苏省基于北斗的秸秆机械化还田作业信息化管理系统研发成功并生产。江苏省扬州市1000余台农机安装北斗系统车载终端并接入互联网。上海市嘉定区使用基于北斗系统的农机进行自动播种。湖北省襄阳市162台土地深松机装上了北斗终端。北京市房山区胡萝卜起垄、播种作业，用上北斗农机自动驾驶系统。浙江省杭州市在90台插秧机、30台秸秆还田机上安装北斗农机管家。辽宁省铁岭市用北斗农机监控设备，实现对农机秸秆还田、深松整地全面监控。湖北省开展农机深松整地作业的779台拖拉机，全部安装北斗深松监测设备。

北斗应用范围十分广泛，除了上面提到的还有诸如电力系统、金融行业、渔业系统、现代牧业、民航领域、公安系统、工程建设等等。正如北斗卫星导航系统工程首任总设计师孙家栋院士所说的"北斗的应用，只有想不到的，没有做不到的"。

8. 北斗应用篇之人类的北斗

除了对内挖掘市场，另一个扩大北斗应用的方式就是让北斗走出国门。已经建成的北斗二号卫星导航系统是继GPS、格洛纳斯之后世界上第三个提供运行服务的卫星导航系统，可服务50多个国家、30多亿人口。据预测，待北斗三号全球导航系统建成，我国卫星导航与位置服务产业用户规模将成为世界第一。

我国"一带一路"倡议，为中国北斗成为"世界的北斗"提供了极佳的渠道。2016年6月，《中国北斗卫星导航系统》白皮书发布，明确指出"卫星导航系统是全球性公共资源，多系统兼容与互操作已成为发展趋势。中国始终秉持和践行'中国的北斗，世界的北斗'发展理念，服务'一带一路'建设发展，积极推进北斗系统国际合作"。目前，北斗已经陆续走进了巴基斯坦、沙特、缅甸、埃及、印尼等"一带一路"沿线和周边国家。缅甸的农业、林业、土地规划、大湄公河监管，老挝的精细农业和病虫灾害监测管理，文莱的智慧旅游，印尼的海上集成应用等，都有中国北斗的身影。中国还与美国、俄罗斯、欧盟等国家开展双边合作，建立合作机制，同时也与各国磋商合作建设北斗/GNSS中心。北斗已成为我国对外交往的重要合作项目，显著提升了我国的国际地位与影响力。

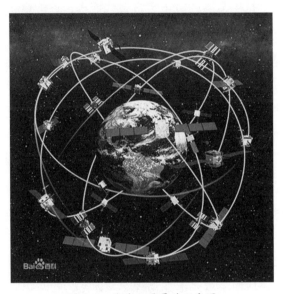

图4-8　北斗卫星覆盖示意图

中国的北斗，最终的目标是服务全球、造福人类。北斗要与其他卫星导航系统相互兼容、共同发展，这是我国发展北斗系统的一项原则。在这一原则指导下，北斗卫星在设计建造过程中，就已考虑到对其他系统的兼容性。北斗、GPS、格洛纳斯、伽利略等卫星导航系统建成以后，全球导航卫星将达到100颗以上。北斗全球用户能有更多选择，接收到更多可用的卫星信号。北斗导航系统兼容、互操作的便利性，将保证全球用户利益的最大化。

随着推动北斗进入国际民航、海事、移动通信等标准化组织步伐加快，北斗系统将实现与其他全球导航定位系统的完全兼容，充分与世界接轨。持之以恒地推动北斗国际标准化进程，也是北斗国际化的必由之路。

9. "悟空"上天缉拿暗物质

2015 年 12 月 17 日清晨，一颗被称作"悟空"的卫星被发射到黝黑的宇宙之中，寻找神秘莫测的暗物质，2017 年 11 月 30 日，中国科学院公布了我国暗物质粒子探测卫星"悟空"的探测成果："悟空"卫星在轨运行的前 530 天共采集了约 28 亿颗高能宇宙射线，其中，包含约 150 万颗 25GeV（1GeV=10 亿电子伏特）以上的电子宇宙射线。基于这些数据，科研人员成功获取了目前国际上精度最高的电子宇宙射线能谱，该能谱将有助于发现暗物质存在的蛛丝马迹。

9.1 什么是暗物质

暗物质问题是粒子物理和宇宙学的核心问题之一，目前美国国家研究委员会由 19 名权威物理学家和天文学家联合执笔的一份报告中列出了新世纪要解答的 11 个科学问题，"什么是暗物质"列在第一位。国际上许多进行精确宇宙学研究和探测暗物质、暗能量的地面和空间的实验正在计划和筹建中。

李政道先生认为，对暗物质的研究将预示着物理学的又一次革命。科学家相信，通过探索"不可见宇宙"如何影响银河系和宇宙的过去、现在和未来，人类最终一定能够了解宇宙的起源。找到主宰宇宙命运的暗物质粒子和确定暗能量性质，无疑是这个世纪物理学最重大的发现。建立新的物理学以代替广义相对论，从而驱散笼罩在物理学"天空"的暗物质和暗能量这两朵"乌云"。中国科学院院士武向平说："我们已经走到了物理学发展史上一个新的转折点，一场新的变革和革命即将在物理学发生。"

9.2 "悟空"，由征名而来

为了给暗物质粒子探测卫星起一个响亮的名字，中国科学院国家空间科学中心、紫金山天文台与人民网科技频道于 2015 年 9 月 29 日至 10 月 31 日举办了暗物质粒子探测卫星征名活动。活动期间共收到名称方案 32517 个，最后经评委投票，将暗物质粒子探测卫星命名为"悟空"。

"悟空"是中国名著《西游记》中的齐天大圣，他火眼金睛，神通广大，给暗物质粒子探测卫星起名"悟空"喻示着卫星将凭借卓越的空间探测能力在太空中大显身手，寻找暗物质；另一方面，"悟"有领悟的意思，"悟空"

有领悟、探索太空之意；"悟空"机智、勇敢、敏锐的形象与暗物质粒子探测卫星的科学目标及科学使命高度契合。

9.3 为何要发射"悟空"

"悟空"是中国科学院研制的系列科学实验卫星的第一颗，除了探索暗物质，它还要用于研究宇宙射线等。这标志着始于半个多世纪前的中国太空探索，不仅仅是为了满足工程应用和人类生存，取得直接的国防经济效益，还要深入解答有关宇宙命运的谜题。

"悟空"的"火眼金睛"能够收集高能宇宙线粒子和伽马射线、光子，通过其能谱、空间分布分析来寻找暗物质粒子存在的证据，它将替代人类的眼睛，面向浩渺宇宙，寻找宇宙中失踪物质踪迹。宇宙射线最高能量比目前的最大加速器高 1 亿倍以上，宇宙空间是人类最后的实验室。物质卫星有望深刻变革人类的宇宙观，实现空间科学重大突破。

"悟空"的另一个科学任务是观测宇宙射线在不同方向的分布情况，比如在银河系中心，宇宙射线多一些，而边缘就少一些。

9.4 "悟空"与它的"火眼金睛"

"悟空"的身材比一般的卫星小巧，长宽高分别只有 1.5 米、1.5 米、1.2 米，而它的"火眼金睛"是世界上迄今为止观测能段范围最宽、能量分辨率最优的空间探测器。它的观测能段是国际空间站"阿尔法磁谱仪"的 10 倍，能量分辨比国际同类探测器高 3 倍以上。"悟空"头两年对全天扫描，探测暗物质存在的方位。两年后，根据全天区探测的分析结果，对暗物质最可能出现的区域开展定向观测。寻找暗物质的过程就像与幽灵捉迷藏，只有仪器越灵敏才越有可能有发现。"悟空"就是通过提高能量分辨和空间分辨的本领，降低宇宙射线背景噪音，并且把探测器做得足够大等方法提高灵敏度。

10."碳排放"无处遁身！——中国碳卫星

2016 年 12 月 22 日中国成功将全球二氧化碳监测科学实验卫星（简称"碳卫星"）发射升空，使中国继日本和美国后，成为世界上第三个能从太空监测温室气体排放的国家。

图 4-9　中国碳卫星

在未来 3 年中，这颗 620 千克重的碳卫星在 700 千米太阳同步轨道上，每 16 天对地球进行一次全面"体检"，最终形成不同季节、不同地区二氧化碳排放情况的"体检报告"。科学家可以通过碳卫星了解大气二氧化碳的分布，而大气二氧化碳浓度是监测气候变化的一个重要指标。中国碳卫星的探测精度有望优于 4ppm（百万分之四），可比肩国际最高水平。

10.1　身负重要使命

要在全球和区域尺度获取碳循环研究所需的二氧化碳通量信息，星载二氧化碳探测技术成为"嗅碳"的首要突破点，但目前全球仅有两颗这样的卫星在轨工作：一颗是日本于 2009 年成功发射的温室气体观测卫星"呼吸"号（GOSAT）卫星，另一颗是美国 2014 年发射的"轨道碳观测者"（OCO）-2 卫星。2009 年，国家遥感中心组织专家组开始中国碳卫星的前期战略研究工作；2011 年在 863 计划的支持下"全球二氧化碳监测科学实验卫星与应用示范"重大项目（中国碳卫星）正式立项。项目目标为研制并发射一颗"以高光谱二氧化碳探测仪、多谱段云与气溶胶探测仪为主要载荷的高空间分辨率和高光谱分辨率全球二氧化碳监测科学试验卫星"。中国政府把应对气候变化视作实现自身可持续发展的内在要求和构建人类命运共同体的责任担当。中国提出的目标是，使二氧化碳排放于 2030 年左右达到峰值并争取尽早实现，到 2030 年单位国内生产总值二氧化碳排放比 2005 年下降 60%—65%，非化石能源占一次能源消费比重达到 20% 左右。2017 年中国还启动全国碳排放权交易市场。这是一颗担当之星。

10.2   为何能在太空监测?

科研人员经过近 6 年研制出的碳卫星,由模块化卫星平台、高精度二氧化碳探测仪与云和气溶胶探测仪载荷组成。专家解释说,当太阳光照射在大气上,二氧化碳分子会产生特有的光谱吸收线,碳卫星就靠探测这种特征谱线来监测它的变化。研制人员采用了大面积光栅分光技术,为碳卫星赋予了超凡的"视力"。在大气中,二氧化碳的浓度只有万分之四左右,如此低浓度的二氧化碳只要有 1% 的浓度变化,就会被碳卫星发现。卫星的云和气溶胶探测仪可以排除云和空气中气溶胶的影响,二氧化碳监测数据更加准确,这一探测仪器还可用于监测雾霾。

11. 监测宇宙的"慧眼"——硬 X 射线调制望远镜卫星(HXMT)

2017 年 6 月 15 日,我国成功把"慧眼"硬 X 射线空间天文卫星射入太空。它将揭示宇宙中惊心动魄的图景:黑洞吞噬被撕裂的星系、脉冲星疯狂旋转、宇宙深处猛烈的爆炸……还将巡视银河系中的 X 射线源,详细研究黑洞和脉冲星,并监测伽马射线暴,探索利用脉冲星为航天器导航。此次发射还搭载了乌拉圭 NewSat-3 小卫星等。

图 4-10　慧眼卫星

11.1　空间科学之重器

"慧眼"的设计寿命4年，质量2496千克，运行在高550千米、倾角43度的近地圆轨道。卫星本体呈立方体构型，同时安装了高、中、低能三组X射线望远镜，实际上是一座小型空间天文台。

"慧眼"首次实现了1千电子伏特至250千电子伏特的能区全覆盖，有利于从不同能段来观测和研究X射线天体的辐射机制。当然，覆盖面积越大，探测到的信号就会越多，就越有可能发现其他望远镜看不到的现象，"慧眼"的视场也很大，约两天即可完成对银道面的扫描。

我国科学家又开发了一种新的观测模式，即通过调整高能X射线空间天文卫星主探测器光电倍增管的高压，可以使其中的CSI晶体成为一个大面积的大视场监视器，探测天空的硬X射线和软伽马射线暴发现象。这一创新设想将"慧眼"的观测能区进一步推高到3兆电子伏。

11.2　"慧眼"的优势

与目前在轨运行的国外X射线空间天文卫星相比，"慧眼"有以下优势：具有大天区、大有效面积的宽波段X射线扫描巡天能力；具有大面积、宽波段、高时间分辨率的定点观测能力；是国际上最大面积的硬X射线／软伽马射线能段探测器。它既可以通过最高的灵敏度和分辨率实现大天区成像、宽波段X射线巡天，还将通过对黑洞和其他高能天体宽波段X射线时变和能谱的观测，研究致密天体极端物理条件下的动力学和辐射过程。

由于"慧眼"探测器能谱范围非常宽，所以它除了可探测空间X射线外，还可拓展进行伽马射线暴、恒星爆炸、黑洞等探测；不仅能将宇宙事件从发生、发展到结束全过程的壮丽景象尽收眼底，还可看到这些壮丽景象出现的变化过程是怎样的，且比国际上其他同类卫星时间分辨率有大幅提升，这对于推动突发天体现象研究的深入意义重大。

"慧眼"还将在国际上首次系统性地获得银河系内高能天体活动的动态图景，发现大量新的天体和天体活动新现象。由于具有独特的研究X射线双星多波段、X射线快速光变的能力，预期可以在黑洞和中子星双星的研究中获得新成果。

12. "墨子"上天了——中国首颗量子科学实验卫星

由中国科学院院士潘建伟担任首席科学家的中国首颗量子科学实验卫星，2016年8月16日被发射至高度为500千米的预定轨道，卫星有效载荷包括量子纠缠源、量子纠缠发射机、量子密钥通信机和量子实验控制与处理机，共同完成纠缠光子的生成、发送、地面通信以及实验控制。同时，地面建设有四个量子通信地面站和一个空间量子隐形传态实验站，在中国科学技术大学的量子科学实验控制中心的指挥和调度下，完成四项重要的科学实验：星地高速量子密钥分发实验、广域量子通信网络实验、星地量子纠缠分发实验、地星量子隐形传态实验。

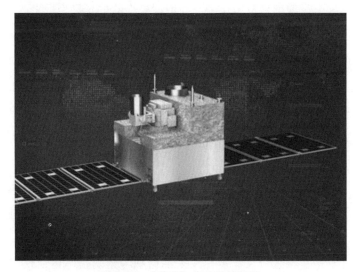

图 4-11 "墨子"号卫星模型图

12.1 组建"天地一体化"网络

中国此次发射的量子卫星主要任务是将地面上的量子纠缠实验搬到外层空间，即通过连接地面上的量子通信网，完成星地量子保密通信、星地量子纠缠分发、星地量子隐形传态等实验。

从理论上说，量子纠缠和量子隐形传态，是量子力学领域当中最"诡异"的现象。虽然量子通信体系速度无法突破光速，但两个遥远纠缠粒子之间的"非局域"关联，仍不时地试探着相对论的边界。此次卫星在轨，就是为了验证纠缠光子分开一千公里的尺度后，是否依然保持纠缠特性。

从技术上说，卫星在轨的重要实验目标就是完成星地量子保密通信。这是目前世界唯一的星地量子信道，下一步有望实现全球量子密钥初步业务化运行。

12.2　名词解释

上面介绍了量子科学实验卫星（"墨子"号）的一些情况，其中有的名词很生疏，不好理解，下面对几个名词作简要说明。

量子是什么？构成世界的所有物质都是由很小的微粒组成的。然而，所有的微观粒子，包括原子、分子、光子其实它们都是量子。所以也可以说整个世界其实就是由量子组成的。一个物理量，如果有最小的单元而不可连续分割，就说这个物理量是量子化的，并把这最小的单元称为量子。

什么是量子通信？量子通信是基于量子叠加、量子纠缠理论，通过隐形传输而实现的一种信息传递方式。什么是量子叠加、纠缠、隐形？量子叠加和量子纠缠是量子世界中两个基本原理，量子有很多个分身，现在假设量子的三个分身 ABC，只要其中一个分身被发现（学术说法叫被测量），ABC 就会随机消失掉两个，可能是 AB，可能是 BC，可能是 AC，而仅留下一个，这个就叫量子叠加原理。而量子纠缠是指把两个量子纠缠在一起，一旦其中的一个分身被测量到了，那么这两个量子在同一地方的分身都会消失，它们分别只留下了一个分身。这就是量子纠缠，它帮助科学家完成了量子的隐形传输。

什么是密钥？顾名思义，就是用来加密和解密的密码本，我们可以想象成用来加锁和解锁的钥匙。

13.　预报地震的卫星——张衡-1

2018 年 2 月 2 日，张衡-1 电磁监测试验卫星（CSES）成功送入太空。这次发射的张衡-1 卫星是我国首颗观测与地震活动相关电磁信息的卫星。为地震观测研究提供有价值的信息，向航空航天、导航通信等相关领域提供空间电磁环境监测数据应用服务。

图 4-12 "张衡-1"卫星

13.1 为什么能用卫星预报地震

地球周围存在空间等离子体环境,当受到地壳运动、人类活动等影响时,其中的电磁波就会像水中的涟漪一样在等离子体环境里传播。科学家已发现地震也会对空间等离子体环境的电磁场产生影响,甚至在地震前就会影响。因此,科学家希望通过研究空间等离子体变化与地震活动的关联规律,来探索如何攻克"地震预报"这一千年难题。现在,用卫星直接预报地震的方法

图 4-13 地震破坏场景

125

主要有两种：一种用气象卫星通过监测某地地表热红外辐射的异常变化来预报地震；另一种是用电磁监测卫星（简称地震卫星）监测某地电磁场的异常变化来预报地震，且后者已成为发展主流。

13.2 名字来由

我国首颗电磁监测卫星以"张衡"为名是为纪念东汉天文学家张衡在地震观测方面的杰出贡献，为新时代中国科技发展与世界科技进步作出更大贡献！

13.3 意义非凡

该卫星的发射和投入使用，可使我国首次具备全疆域和全球三维地球物理场动态监测的技术能力，将使我国成为世界上拥有在轨运行多载荷、高精度地球物理场探测卫星的少数国家之一。它具有如下重大意义：它是我国自主研制、具有高度创新性的天基电磁观测科学卫星，多项指标达到国际先进水平；填补了我国从空间电磁环境方面开展地震学、地质学等相关研究领域的空白，大幅提升了全球空间电磁场、电离层等探测数据获取能力；它大幅提升了空间电磁场和电离层监测水平；大幅增加震例检验机会，对于提升空间电磁场和电离层水平具有重要意义，为地震机理研究和理论探索提供重要数据支撑；它为空间天气预警、空间物理和地球物理研究提供重要支撑；为我国自主建立全球地磁场模型和电离层模型，开展空间天气预警及通信导航环境研究提供重要的基础数据，并有望取得重大突破，为服务我国空间物理等基础科学研究奠定重要基础；它提升我国在地球物理场研究领域的国际影响力。

另外，张衡-1 的 02 星正加快推动立项，计划将于 2020 年发射。

14. 高分四号卫星——开辟了高分辨率对地观测新领域

2015 年 12 月 29 日高分四号卫星成功发射，经过 4 次变轨，于 2016 年 1 月 4 日成功定点地球同步轨道，并于当日首次开机成像并下传数据。国家卫星气象中心北京气象卫星地面站准时捕获并成功接收全部数据后，中国资源卫星应用中心对获取的原始数据进行了处理。现阶段卫星工作状态良好，成像效果稳定。

图 4-14　高分四号卫星模拟图

14.1　高分四号卫星介绍

高分四号卫星是我国首颗地球同步静止轨道高分辨率光学成像遥感卫星，同时具有高时间分辨率和高轨高空间分辨率的特点。

高分四号卫星采用新研制的高轨遥感卫星平台，运行在 36000 千米的地球同步轨道，并装载 1 台大口径面阵凝视相机，几秒钟即可成像一次，可对特定区域目标进行实时连续观测，时间分辨可达秒级，对于需要高时效的对地观测具有很大优势。

与现有高轨遥感卫星相比，高分四号卫星具有高空间分辨率优势。现有高轨遥感卫星分辨率一般为千米级，高分四号卫星相机的可见光探测器达 1 亿像素，红外探测器达百万像素，并首次采用了可见光近红外和中波红外共口径技术，可见光和红外通道可同时工作，能够高时效地实现地球同步静止轨道可见光 50 米分辨率、中波红外 400 米分辨率遥感数据获取，是目前世界上地球同步轨道分辨率最高的光学成像卫星。

高分四号卫星设计了单景凝视、区域拼接、机动巡查等多种全新工作模式，并具备快速指向调整的能力，可实现整星快速机动和高稳定控制，完成对运动目标持续监测、大范围区域目标快速成像，以及多个热点地区的交替巡查。此外，高分四号卫星整星设计寿命为 8 年，是我国目前设计寿命最长的遥感卫星。

高分四号卫星开辟了我国高轨高分辨率对地观测的新领域。

14.2 相机探秘

这是一台功能强大的卫星相机。日常生活中用单反相机摄影，一次成像只能使用一种镜头，但是高分四号卫星相机首次采用了可见光近红外与中波红外共口径技术，可实现可见光／红外共用一个口径，同时对地面成像。

图4-15　高分四号卫星拍摄的
黄河三角洲影像

为了追求空间分辨率的高水平，就要把镜头口径做得尽量大。因此，卫星相机镜头长约一米，口径较大，镜头外还罩上了约两米长的遮光罩，像"大炮筒"，卫星能搭载一个已属不易，于是就出现了上文中提到的共用一个口径，通过分色装置实现可见光／红外同时成像的效果。而且，在进行可见光拍摄时，相机还提供全色、红、绿、蓝、近红外等五种滤镜切换服务。

高分四号卫星相机一次拍摄成像面积大约相当于一个河南省。紧急情况下，1天之内就能对我国疆域完成一次完整成像。此外，它还可以对动态目标的运行轨迹、趋势进行捕获，成为一个"准摄像机"。

高分四号卫星既抗高温又能耐严寒，掌握了复杂环境下相机温控技术，确保了镜头在轨运行时的温差能控制在0.2摄氏度以内。

相机自我防抖很到位，犹如给相机配上了一台在太空中"零变形"的三脚架使得卫星运行时对相机产生的扰动影响大大降低。

15. 中国的返回式卫星——成功来之不易

2018年是我国返回式卫星首次发射成功43周年，回顾往年，深感这一成功来之不易。当时，我国返回式卫星回收系统面临四大难题：回收系统的控制方案尚未确定；再入舱底盖弹射时所需的最小弹射分离速度未确定；弹射筒地面模拟试验的相似准则没有找到；过载开关启动可靠性试验方案未确定。

15.1 攻克难题

首先，回收系统的控制方案的确定：要制定出合理的回收控制方案必须依据合理的返回轨道。为此，总体设计部给出了各种偏差引起的干扰轨道，然后用概率论方法分析，确定了第一颗星回收系统可以采用以时间控制为主的方案。后采用更为先进的"过载—时间"控制为主的方案。在方案中，给出了回收控制方案的具体参数，比如过载开关达到多少个 g 值时接通，接通后经过多少秒发出弹射再入舱底盖信号等等。最终圆满解决回收系统控制方案的确定这一难题。

其次，再入舱底盖弹射时所需的最小弹射分离速度。返回式卫星底盖（又称防热罩）的弹射是回收系统的关键技术之一，返回式卫星在返回地面的过程当下降到距地面 15 千米左右的高度时，需要将防热罩弹射掉，以便为弹出降落伞做好准备。

如果该动作失败，降落伞就弹不出来或伞绳与防热罩发生缠绕，导致回收失败。另外，为了避免分离后的防热罩与回收舱重新结合，防热罩必须有一定的初始分离速度。后经风洞试验和公式计算等工作计算出了返回式卫星再入舱防热罩分离所需的最小分离速度，并以此作为弹射筒设计依据。

对于弹射筒地面模拟试验的相似准则的确定也是经过反复研判才获得的，并在之后的发射任务中取得圆满成功，而且在后续型号中继续使用。

对于过载开关启动可靠性试验方案，经地面模拟试验，试验结果表明，过载开关启动值为 5.5g 以上是可靠的，不会产生误启动，而且在之后的发射任务中均未产生过载开关误启动的故障，回收系统获得圆满成功。

"返回式卫星回收系统"获得 1978 年至 1979 年国防尖端科研成果一等奖。

16. 返回式卫星的靓丽转身——我国首颗微重力科学实验卫星

到 2006 年，我国共成功进行了 24 次返回式卫星的发射，已掌握了返回式卫星的总体设计、制造、发射和回收等关键技术。而微重力科学实验卫星——实践十号返回式科学实验卫星（简称"实践十号卫星"）是我国时隔10多年之后再次发射的返回式卫星。其外形和原来的返回式卫星基本相同，采用柱锥组合体外形。

从上到下，卫星主要分为返回舱和仪器舱两个舱段，在轨运行任务结束后，仪器舱和返回舱分离，仪器舱继续留轨实验，返回舱则返回地面。

16.1 为什么返回式卫星时隔 10 多年后再次发射呢？

因为进入 21 世纪，返回式卫星的应用开始转型，由遥感向空间科学实验转变，典型的代表是俄罗斯和欧洲航天局的"光子"号和"生物"号系列空间科学实验卫星。近年来，我国空间科学实验的需求开始增多，实践十号卫星就是这个背景下的产物。

实践十号拉开我国使用返回式卫星进行空间微重力科学实验的序幕。目前，我国空间微重力实验的需求非常旺盛，因此，返回式卫星发展将迎来一个新的黄金时期。

16.2 实践十号卫星的使命和目标

实践十号卫星的使命是开展空间科学实验，研究、揭示微重力条件和空间辐射条件下物质运动及生命活动规律，这不仅具有较大的社会效益和经济效益，而且对推进我国空间领域的科学探索也有重要的意义。

保证卫星的微重力指标达到要求是实践十号的首要目标，为此采用"3+1"的方法提高了卫星的微重力水平。一是选择了一条合适的圆轨道，这个轨道的大气阻力较小，微重力水平均匀且满足要求；二是姿控发动机采用单组元推力器代替了过去的冷气推力器，使其对卫星微重力的影响大为减少；三是卫星平台和载荷有大量的活动部件，这些活动部件的存在对卫星微重力有很大的影响，在设计过程中就需要采用多种方式抑制这种影响。此外，卫星增加了微重力测量监视设备，可以实时监测卫星上的微重力水平并将数据提供给客户，客户可以根据实验特点剔除微重力的影响。

16.3 微重力实验返回式卫星仍不可或缺

飞船和空间站虽然都能提供较长期的空间微重力环境，但是相比之下，飞船和空间站显得不够"理想"。因为飞船和空间站一般都是载人的，由于航天员在飞船或空间站中活动存在一个低频振动，微重力实验最害怕就是低频振动。实践十号是一颗返回式卫星，没有搭载航天员，不需要担心航天员活动带来的低频干扰。另外，飞船和空间站显得不够"经济"。据悉，国际空间站上做一个类似的实验要耗资 2000 万美元，而实践十号上的科学实验，平均成本在百万美元量级。

17. 风云卫星全家"谈"

四十多年风雨兼程，攻关涉险，如今中国已成为世界上第三个同时拥有地球静止轨道气象卫星和太阳同步轨道气象卫星的国家，促成中、美、欧三足鼎立格局，有力地提升了大国形象。下面简单介绍一下风云卫星的"家庭成员"。

17.1 风云一号——第一代太阳同步轨道气象卫星

风云一号开启了我国气象遥感卫星研制的先河。自 1977 年启动，共研制系列卫星 4 颗，B 星为科研试验星，C、D 星应用星。2000 年 8 月世界气象组织（WMO）将风云一号 C 卫星纳入全球业务应用气象卫星序列，成为全球综合地球观测系统（GEOSS）的重要成员，与欧美等国气象卫星一起，形成了对地球大气、海洋和地表环境的全天候、立体、连续观测的卫星观测网，大大增强了人类对地球系统的综合观测能力。风云一号气象卫星可以获取全球气象信息，向世界各地云图接收站发送实时的气象云图，可以对大气、云、陆地、海洋进行遥感探测，获取昼夜云图地表图像、海洋水色图像、水体边界、海洋面温度、冰雪覆盖和植被生长等产品，还可对空间环境进行研究，提升综合观测能力。

风云一号卫星的研制对我国气象卫星和运载火箭的研制具有许多开创性的意义：实现了首颗气象遥感卫星的在轨业务运行；实现了长征四号甲、长征四号乙运载火箭的首次发射并取得圆满成功；实现了太原卫星发射中心的首次航天发射并取得圆满成功；首次实现了我国气象遥感卫星的长寿命业务运行；首次被纳入世界业务极轨气象卫星序列等。为我国气象卫星事业的发展奠定了坚实的基础。

17.2 风云二号——第一代静止轨道气象卫星

风云二号于 1986 年启动研制，1997 年至今已成功发射 7 颗，目前 4 星在轨运行，实现了"多星在轨，统筹运行，互为备份，适时加密"的运行模式，为我国和周边地区的天气预报提供实时动态的气象观测资料。

风云二号可获取可见光云图、昼夜红外云图和水汽分布图。首次实现了 15 分钟间隔双星连续加密观测，大大提高了对暴雨范围、强度和台风的动态跟踪及登陆位置预报精度，业务运行成功率稳定在 99.5%。

17.3 风云三号——第二代太阳同步轨道气象卫星

它是风云一号卫星的换代产品，2008 年 5 月实现首星发射成功，至今共成功发射 4 颗卫星。风云三号是国内搭载遥感探测仪器最多的对地遥感卫星，突破了七项新技术，实现了从二维成像到三维探测、从单一光学到全谱段宽波、从公里级到百米级观测、从国内组网接收到全球组网接收四大技术跨越，可在全球范围内实施全天候、多光谱、三维、定量探测。

风云三号卫星是全球天基气象观测系统的重要组成部分。三星组网观测，使全球资料的获取时效从 12 小时缩短为 4.5 小时，预报精度提高 3% 左右，预报时效延长 24—36 小时左右。

风云三号卫星整体性能接近或达到欧美极轨气象卫星水平，使气象卫星的应用深度和广度明显提升，在 2014 年第 31 届空间与重大灾害国际宪章理事及执行秘书会议上，风云三号 C 星正式列为中方宪章值班卫星。2017 年 12 月 8 日，风云三号 D 星由南至北飞过我国上空，并传回首幅数据。

17.4 风云四号——新一代静止轨道气象卫星

风云四号卫星是我国新一代静止轨道气象卫星，我国第一颗高轨三轴稳定定量遥感卫星，是我国气象卫星技术从跟跑并跑转向并跑领跑的实践者。

18. 风云四号——世界一流的卫星

风云四号，填补了我国多项技术空白，是一颗有"跨代"意义的首发星，并因其"一个顶俩"、可以给大气做 CT、可以抓拍闪电等特点闻名于世，成为我国静止轨道气象卫星整体性能达到世界先进水平、部分能力达到世界领先水平的一颗世界一流的卫星。

图 4-16 风云四号成像图

18.1 微信中地球照片的变脸

2017 年 9 月 25 日至 9 月 28 日，用户在启动微信时，会发现地球变脸了，变得加清晰、云层更细致，同时地球照片由非洲大陆上空视角，变化为我国的上空视角。从以前美国航天员拍摄的图片换成我国新一代静止轨道气象卫星"风云四号"的成像图。

18.2 监测强台风"天鸽"

2017 年 8 月 23 日，台风"天鸽"来袭。短短几天，升至强台风，但这一切，被远在 36000 公里外的风云四号尽收眼底。由它生成的卫星连续监测图密切跟踪着"天鸽"的一举一动。这只是风云四号在轨工作的寻常一天。

在轨测试期间，它的表现堪称完美。北方地区严重沙尘、华北特大暴雨、南方梅雨季降水，甚至九寨沟发生的 7.0 级地震……几类灾害性天气轮番登场，风云四号经受住了极端天气的重重考验。如此强悍表现的背后，是风云四号凝聚的一项项尖端科技。

18.3 高科技支撑

这颗卫星搭载了全球首个大气垂直探测仪，在国际上首次实现单星上同时搭载多通道扫描成像辐射计和干涉式大气垂直探测仪。换言之，以一颗卫星实现了两颗卫星的功能。其中，多通道扫描成像辐射计是迄今为止我国静止轨道最先进的辐射成像仪，光通道增加到 14 个，空间分辨率最高可达 500

米，与美国发射的新一代静止气象卫星 GOES-R 相当，与风云二号相比提高了 6 倍。而 500 米意味着在几公里之外点燃几处烛光，任意时刻想要看到哪个就能看到哪个。

再看看干涉式大气垂直探测仪，可获取大气温湿度三维结构，仿佛对大气环境做 CT 扫描，对不同高度大气进行一层层切片分析，使得对暴雨等强对流天气的观测更细致、更准确。既能进行二维扫描式观测，也能对大气进行垂直方向的三维分层分析，这是全球首创。而欧美仅计划用两颗卫星分别实现成像观测和垂直探测，最快 2022 年才能发射。

此外，同时搭载闪电成像仪和空间天气监测仪为风云四号增添了另外两只强大的"眼睛"。闪电成像仪，可以每秒钟拍摄 500 张照片来捕捉闪电，跟踪强对流天气；空间天气仪，可以监测太阳活动、地磁环境、电离层和高层大气环境等宇宙"天气"。

19. 风云卫星（一号至四号）怎样预报天气？

天气预报除了电台、电视台会轮番播报外，现在看看手机上的天气 APP，连半个月的天气情况都能一览无余。当然，天气预报的首席功臣属气象卫星，而每一次气象卫星的技术进步，播报准确率的提高是必然的体现。

19.1 卫星云图还原风云变幻

卫星云图是天气预报中使用的重要手段，五颜六色的卫星云图可以用来识别不同天气系统，确定其位置，判别其发展阶段和演变趋势。例如，估计台风中最大风速，预测对流云的降水强度等。

那么卫星云图是如何得来的呢？它们都是由气象卫星从太空中的不同位置拍摄的，通过卫星将大量观测数据传回地面站后，再还原合成准确的云图。我国气象卫星云图，例如中央电视台在天气预报中使用的云图，全部由上海航天技术研究院抓总研制的风云系列卫星拍摄。气象研究人员每隔半小时或 1 小时选择一幅云图图像，利用连续的 12 幅图像合成云图动画，便可以清晰地看到过去 6—12 小时里云团的移动和变化，从而判断和预测天气状况。

19.2 卫星云图分类

卫星云图分为太阳同步轨道气象卫星云图和地球静止轨道气象卫星云图。

风云一号和风云三号位于距地面高度大约 500—1000 千米的太阳同步轨道上，拍摄太阳同步轨道气象卫星云图，拍的是宽幅大照片。风云二号和风云四号，定位在距地面约 3.6 万千米的地球静止轨道上，拍摄地球静止轨道气象卫星云图，是局部高清图片。

这两种云图配合，既能获取局部地区气象状态的细微变化，又能获取全球范围内的宏观气象数据，能大大提升天气预报的准确性。随着风云卫星的发展，我国天气预报的准确率从 20 世纪 70 年代的约 50%，已经提高到了现在的 90%。

19.3 风云卫星的功勋

风云卫星的稳定运行和出色表现，使得我国在气象卫星领域跻身世界一流，与美、欧三足鼎立。

风云四号正式投入业务运行后，将逐步接替风云二号提供更加及时和高精度的观测数据。目前在轨运行的风云三号则为全球气候变化和大气环境监测提供了重要观测数据。

据统计，风云气象卫星的数据每年被数以亿计地引用，成为国内最大的遥感卫星数据库。全球 70 多个国家和地区、全国超过 2500 家单位均在使用风云卫星数据。

20. "我们也要搞人造卫星。"——"东方红一号"卫星

1957 年 10 月，苏联发射了人类第一颗人造地球卫星。1958 年 1 月，美国发射了第二颗人造地球卫星。1958 年 5 月 17 日，毛泽东在党的八届二次会议上说："我们也要搞人造卫星。"

20.1 "651"工程

1964 年 6 月，中程运载火箭试验成功，标志着我国已经具备了发射人造地球卫星的能力。

1965 年 7 月 1 日，中国科学院《关于发展我国人造卫星工作的规划方案建议》呈报到中央。随后，中央讨论并原则批准了这个规划方案，确定由国防科委负责组织协调，并改为"651"工程。

20.2 "上得去，抓得住，听得到，看得见。"

1967 年 12 月，国防科委召开了审定卫星总体和分系统方案的卫星研制下

作会议，会议确定中国的第一颗人造地球卫星定名为"东方红一号"，拟定了技术总体目标："上得去，抓得住，听得到，看得见。"

"上得去"是指卫星成功发射；"抓得住"是指卫星可成功发射数据；"听得到"是指地球人能够听到"东方红一号"发出的声音；"看得见"是指地球人能够看到"东方红一号"卫星。

"上得去，抓得住"是卫星工程的关键，"听得到，看得见"是扩大卫星的影响。工程技术人员几经试验，最后采用电子线路产生的复合音模拟铝板琴演奏乐曲，以高稳定度音源振荡器代替音键，用程序控制线路产生的节拍来控制音源，振荡器发音，效果令人满意，解决了"听得到"的问题。

如何在地球上用肉眼"看得见"中国卫星？孙家栋和工程技术人员颇费了一番心思。173 千克重的卫星，其最大直径仅 1 米，发射到遥远的天际后根本不可能看见。如何办？一个好点子终于解决了大问题，就是在运载火箭的第三级上设置"观测球"，观测球用反光材料制成，上天后便打开，体积大，重量轻，紧贴卫星之后飞行，在地面望去，犹如一颗明亮的大星。此时，保证卫星"上得去"的"长征一号"运载火箭也已经准备就绪。火箭运载能力为 300 千克，全长 29.9 米，最大直径 3.8 米，起飞质量 81570 千克。1970 年 4 月 24 日随着指挥员一声令下，"长征一号"裹着烈焰刺破夜空，直冲霄汉，指挥室不断发出报告："一级火箭分离，……二级火箭分离，……卫星进入太空发射成功！"中国成为继苏、美、法、日后第五个能独立研制和发射卫星的国家。

21. "四朵金花"行将绽放！

"四朵金花"是指东方红五号平台、东方红四号增强型平台、东方红四号S 平台、全电推平台。

一旦四"花"绽放，将为"一带一路"和"互联网＋"建设提供支撑，届时，老百姓上网速度会翻倍加快。其部分技术将达到世界领先水平！

21.1 历史回顾

我国卫星技术从零起步，走出了一条依靠自主创新实现跨越发展的中国特色之路。1970 年中国首颗试验卫星东方红一号成功发射，拉开了中国进军太空的序幕，之后，首颗同步轨道东方红二号、首颗三轴稳定东方红三号，再到同步国际水平的东方红四号系列通信卫星，实现了通信卫星从无到有，从试验到应用，并走向国际市场。目前正在开发的新一代东方红五号和"全电推"平台已经取得重大突破，可以比肩欧美发达国家，而且必须通过自力更生谋求突破，依靠自主创新来实现跨越式发展。

21.2 "造星"与"买星"

要"造星"还是"买星"，在20世纪80年代初有过争论，最后明确通信卫星不外购，中国自己制造，否则就不会有后来的东方红三号，也不会锻炼出一支经验丰富、战斗力强的通信卫星研制队伍。

21.3 "四朵金花"各有什么特色

东方红五号应该是能够适应新一代大型地球同步轨道通信卫星和对地观测卫星等需求的全新大型卫星平台。或者说，能够满足未来更大容量、更大功率、更高承载能力、更长寿命的通信卫星的研制需求。相比于东方红四号平台，东方红五号平台上了大台阶。目前东五平台正处在攻关阶段，平台的推广也被国家列入"一带一路"的战略规划之中。

东四增强则是在传统东四平台上的"一小步"。正是这"一小步"，能够使功率、载荷承载能力得到提升，更好地满足客户需求。东方红四号平台是目前我国出口通信卫星采用的主力平台。但无论从承载有效载荷质量和使用寿命方面都比国外同类产品有差距，因此需要加紧研制东四增强型平台。

老挝一号通信卫星采用的是"四朵金花"中的东方红四号S型平台，该型平台在系统容量、功率和寿命等能力及技术水平上大大优于东三平台，能够填补东方红三号和东方红四号系列卫星之间的能力缝隙。作为成熟、稳定的中型通信卫星平台，该平台的应用前景非常可期。

值得一提的是，我国已经完成全电推进卫星平台方案的详细设计，大功率、长寿命、多模式电推力器，国内已有多家单位完成样机研制并通过长程稳定点火试验，小推力长周期联合姿轨控技术等其他关键技术也取得重要进展。

总的来说，现有的三个系列通用平台：东方红三号、四号、五号，能够满足不同用户的需求，业务可以覆盖通信、广播、中继等各个领域，涵盖小型、中型和超大型通信卫星各个等级，在较长一段时间内能够确保市场上的竞争力。未来希望我国通信卫星能够拥有超大能源平台和灵巧性平台。

22. 中国天网成功测试"卡西尼号"坠入土星大气层

"卡西尼号"（Cassini）探测器于北京时间 1997 年 10 月 15 日发射升空，开展土星系统探测任务，并于 2017 年 9 月 15 日坠入土星大气层，完成最后科学使命。20 年间，"卡西尼号"探测器取得了为数众多的科学与技术成果和全新的科学发现。

22.1　中国天网测试团队

在 2017 年 9 月 15 日"卡西尼号"探测器谢幕之旅中，北京航天飞行控制中心联合西安卫星测控中心、佳木斯深空站、喀什深空站与南美深空站，对"卡西尼号"探测器坠毁飞行过程成功实施跟踪测量试验。这天的试验也是我国深空测控系统与中国科学院行星无线电科学团队合作跟踪观测"卡西尼号"探测器开展的为期半年的土星后谢幕观测试验。

22.2　精密计算

北京航天飞行控制中心联合试验团队计算了中国深空网各天线高精度跟踪引导数据，依据"卡西尼号"探测器的设计参数和半年来的跟踪资料信息，估计测量了载波频率和多普勒、链路的无线电信号功率衰减信息，并结合美国发布的"卡西尼号"下行信号发射时刻信息，制定了本次试验的详细计划。9 月 13 日，使用中国深空网的佳木斯、喀什深空站对环土轨道上的"卡西尼号"探测器的坠毁过程成功进行了试跟踪试验，开展了演练，为 9 月 15 日的坠毁测量试验奠定了基础。

22.3　全程实测

9 月 15 日，中国深空网正式对"卡西尼号"进行了坠毁过程全程跟踪测量。南美深空站于北京时间 9 月 15 日上午对处于环土轨道的"卡西尼号"进行跟踪测量。"卡西尼号"坠毁飞行过程从 16:30 到 19:55:30，恰逢在佳木斯、喀什深空站的可见弧段内，两站分别对"卡西尼号"坠毁全过程成功进行了跟踪测量、数据采集与记录。本次中国天网成功实施了"卡西尼号"坠毁土星测量试验，首次获得了宝贵的地外深空探测器坠毁过程的跟踪测量数据。

此外，本次试验也是自 2015 年夏季成功实施了对"新视野号"（Newhorizons）

飞掠冥王星科学观测之后，我国深空网跟踪测量遥远深空探测器的又一次成功的科学技术验证，为后续我国更遥远的自主深空探测任务实施，积累了有益的技术与经验。

23. 浓缩中国先进航天技术的"委遥二号"

"委遥二号"是委内瑞拉遥感卫星二号的简称，由中国航天科技集团公司五院航天东方红卫星有限公司研制。委遥二号是我国遥感卫星整星出口中性能最先进、合作研制程度最深的一颗卫星，集先进载荷与多项创新技术于一身，对改善人民生活、促进社会进步等产生积极作用，也将为南美洲发展带来福音。

23.1　合作源远流长

早在十几年前，两国间在航天领域的合作就已步入快车道。2008 年 10 月，委内瑞拉一号通信卫星在西昌卫星发射中心成功发射升空，中国航天首次叩开拉丁美洲整星出口的市场。

2012 年 9 月，委内瑞拉遥感卫星一号成功发射，实现了我国遥感卫星出口零的突破。

2014 年 7 月 21 日签署了《关于委内瑞拉遥感卫星二号项目的协议》。两个多月后，《委内瑞拉遥感卫星二号项目合同》签署。如今，委遥一号卫星已经在轨稳定运行超过 5 年的设计寿命，委遥二号卫星将逐步代替超期服役的委遥一号。这颗看得更清、更真、更全的卫星将在当地国土资源普查、环境保护、灾害监测和管理、农作物估产和城市规划等领域发挥更加重要作用。

23.2　集先进技术于一身

委遥二号卫星是我国出口的整星中性能指标最先进的一颗民用遥感卫星。卫星上装有两台主要有效载荷——全色 / 多光谱高分辨率相机和短波 / 长波红外相机。

这意味着在一定的谱段上，卫星的这只"眼睛"可以从遥远太空看到农作物是否有病虫害，也可以监督城市的规划与建设。而短波 / 长波红外相机是我国首次将推扫型红外相机作为出口卫星的有效载荷，它使得对地观测突破黑夜的限制，实现全天时成像能力。这两只"眼睛"实现了联合对地遥感成像能力，融合幅宽大于30千米。

为了实现高质量成像，需要利用制冷机创造零下213℃的超低温工作环境，并研制成低微振动的斯特林制冷机，在最大程度上减小微振动对高分辨相机成像质量的影响。如果不是近些年中国航天在技术领域的快速发展与积淀，我们不可能在三年内造出这样一个卫星，委遥二号卫星是一个缩影，映射出中国航天综合实力的提升和进步。

23.3 "标杆式"的对外合作

委遥二号卫星研制期间，走进东方红卫星公司，人们看到一番不同寻常的工作景象——中委两国的工作人员按照1:1的人员比例共同奋战在卫星诞生的关键环节，称作"标杆式"的对外合作是名副其实的。

相比委遥一号卫星只向委方人员提供培训，而委遥二号双方不仅仅是过去"教与学"的关系，中方不是知识单向输出的绝对权威，而是双方对标国际标准，相互学习借鉴。委方负责人表示此次合作是一次深入学习的过程，对委内瑞拉的航天发展具有重要意义。"未来，我们希望可以自主研发人造地球卫星，并推动委内瑞拉的航天发展跻身南美洲第一梯队。我们十分希望中国送上太空的第一个外国航天员可以是委内瑞拉人。"

24. 中国空间技术发展的缩影——东方红卫星

从东方红一号卫星到具有世界先进水平的东方红五号平台，东方红卫星作为中国人造卫星的摇篮，经历了中国卫星从无到有，从跟跑到并跑，在许多方面甚至领跑的跨越。下面简要介绍东方红卫星家族技术突破，生长壮大的历程。

24.1 "东方红二号"

1984年1月29日，东方红二号首发升空。由于它进入一个无用的轨道，卫星发射失利，但是仍然完成大量的技术试验，这些试验充分验证了卫星方案的正确性。由于东方红二号试验通信卫星一次研制两颗，因此，时隔三个月后，1984年4月8日，第二颗东方红二号试验通信卫星成功发射升空。这是中国第一颗静止轨道通信卫星，也使我国成为世界上第五个能够发射静止轨道通信卫星的国家。

东方红二号试验通信卫星运行周期为 24 小时，轨道倾角为零度，在工作寿命期内，保持经度偏差和纬度偏差均不超过正负 1 度，卫星可转发电视、广播、电话、电报、数传、传真等各种模拟和数字通信信息。采用微波统一载波体制和综合利用的无线电系统方案，采用备份设计，以提高可靠性和寿命。1986 年，我国成功发射东方红二号实用通信卫星，极大地提高了通信容量、通信地面站的信号强度和接受电视图像的质量，其传输质量超过了当时我国租用的"国际通信卫星"。

1988 年 3 月后，我国连续发射成功 3 颗东方红二号甲实用通信卫星。这些卫星采用了新的设计方案，性能不断增强，寿命不断延长，使中国卫星通信事业进入了一个新的阶段。

24.2 "东方红三号"

20 世纪 80 年代末，一场"买星"还是"造星"的争论在国内出现。中国航天人勇敢地踏上了通信卫星东方红三号的方案论证和技术攻关之路，打造"争气星"，他们坚信，只有研制自己的通信卫星，才能摆脱受制于人的局面。到底搞一个什么样的卫星？中国空间技术研究院的专家认为，只有跨过传统的发展阶段，才能迎头赶上国际空间事业的脚步。因此，"东方红三号"从 20 世纪 60 年代水平起步，瞄准当时的 80 年代的水平。也就是说，要用 8 年时间，从 20 世纪 60 年代的水平，一步跨入 80 年代。

1997 年 5 月 12 日，我国自行研制的新一代中容量通信卫星东方红三号终到达了它的"太空泊位"，成功地定点于东经 125 度赤道上空。通信卫星事业终于迈出了坚毅的第二步。东方红三号的发射成功，无论对于我国空间事业还是通信卫星产业，都是一个历史性的胜利。首先，解了我国通信卫星市场的燃眉之急，极大地缓解了国内通信卫星转发器短缺的矛盾，并占领了绝佳的太空轨道位置。其次，对于抢占我国通信卫星市场意义重大。第三，实现了我国通信卫星研制技术的大跨越。

24.3 "东方红四号"

东方红四号通信卫星是我国第三代通信广播卫星，携带 48 个通信转发器，寿命 15 年，有效载荷将以直播和通信为主。实现技术创新，形成了我国新一代大容量、长寿命通信广播卫星公用平台。该平台在设计思想上，坚持通用性、继承性、扩展性、及时性和先进性的原则，平台功能与当时国际上同类卫星先进平台水平相当。

2008年10月30日，基于东方红四号平台的委内瑞拉卫星一号发射成功，2008年12月在轨交付。标志着我国通信卫星平台能力得到了跨越式的提升。自"委星一号"开始，我国打开了向世界出口卫星的通道，卫星技术不再为欧美垄断。用东方红四号卫星平台研制的在轨运行的民/商用通信卫星，覆盖亚洲、非洲中西部及南部、南美洲，覆盖全球约80%的陆地面积和90%以上的人口。

24.4 "东方红五号"

跟踪前沿技术发展趋势更是中国航天强国建设的制胜法宝，着眼于未来发展的需要，可装载100多路通信转发器的东方红五号平台已立项研制。该平台使用了多项新技术，如电推进技术、网络热管和可展开式热辐射器技术，二维二次展开半刚性太阳翼、全管理贮箱、新一代电源控制技术等。具有"高承载、高功率、高散热、高控制精度、长寿命、可扩展、多适应"等特点，按计划，我国将用长征五号遥三火箭发射实践20号卫星，而实践20号是东方红五号公用平台研制的一颗试验卫星，这次发射将对东方红五号平台的关键技术进行全面验证。

五、挑战大世界——点赞小卫星

1. 我国微卫星跃入快速发展阶段

为了介绍小卫星，先说一说什么是小卫星。现代小卫星分为 1 千克至 10 千克重的纳型卫星和 11 千克至 50 千克重的微型卫星两类，小卫星具有成本低、研制周期短、应用领域不断扩大、应用效益日益增长等特点。预计到 2018 年小卫星的年发射量将达近 400 颗，到 2022 年将达近 600 颗。这意味着未来全世界航天器每年小卫星的发射量将占总发射量的一半或一半以上。

图 5-1　小卫星模型图

1995 年左右，微卫星在我国开始发展。1997 年中科院的双向数据通信微卫星创新一号立项研制。创新一号质量只有约 80 千克，是我国研制的第一颗微卫星，2003 年 10 月 21 日它和资源二号卫星共同由长征四号乙火箭发射升空。创新一号卫星具有微卫星特有的重量轻、成本低、研制周期短等特点，与世界微卫星的发展潮流相似，微卫星在中国的研制热潮同样与教育事业密不可分。浙江大学研究纳卫星的亮点是皮星一号系列卫星（皮星是重量在千克范围的纳星），而国防科技大学的"天拓"系列卫星、清华大学的纳星一号同样是国内大学微卫星的代表，其中纳星一号于 2004 年经长征二号丙火箭一箭双星发射，同时发射的恰好就是第二颗试验卫星一号。

皮星一号系列卫星主要用于卫星平台试验和微机电技术验证试验。2010 年 9 月 22 日两颗皮星一号 A 卫星由长征二号丁火箭发射升空并正常工作。皮星一号 A 是我国当时研制的最小的卫星，却具备完善的热控、姿控、测控、能源甚至星务管理功能，并验证了微机电加速度传感器和角速度传感器在实际太空环境下的表现。

2015 年 9 月 20 日长征六号火箭成功进行了首次发射，这不仅是我国新一代运载火箭的首次亮相，更是我国微卫星发展的一个里程碑。长征六号火箭首次发射就是创纪录的一箭二十星，除了主卫星开拓一号是一颗重 110 千克的小卫星外，其他的 19 颗卫星都是微纳卫星，其中包括国防科大的天拓三号 6 卫星集群、浙江大学的皮星二号 A、B 星、哈工大的紫丁香二号、清华大学的纳星二号 3 星、东方红公司的 6 颗希望二号卫星以及东方红公司的开拓一号 B 星。长征六号的首次发射在我国微卫星领域创下了多项纪录：开拓一号 B 星、皮星二号 A／B 双星、紫丁香二号、3 颗希望二号都是典型的立方星，这也是我国的立方星首次发射升空。

长征六号发射的天拓三号使用手机卫星、飞卫星和主卫星构成集群飞行，这在我国微卫星发展中同样是首次。如果说长征六号火箭发射的卫星以技术验证为主，那么长征十一号一箭四星的首次发射则更有实用价值。9 月 25 日长征十一号发射了浦江一号小卫星和 3 颗上科大二号纳卫星，前者是中国航天科技集团公司八院研制的新型卫星。

浦江一号还在我国卫星中首次使用了 3D 打印技术和崭新的传输技术，满足了降低成本加快研制速度的需求。上科大二号卫星同样身手不凡,它在国际上首次搭载了微机电系统的冷气微推进器,将开展立方星编队绕飞等新技术验证。

吉林一号的发射带给我们更多的惊喜。10月7日长征二号丁火箭将吉林一号4星送入轨道,其中除了几百千克的主卫星,还包括一颗近百千克的视频微卫星,两颗约50千克的灵巧成像星。如果说我国其他微卫星还更多着眼于技术验证,那么吉林一号星座的微卫星已经作为业务星投入使用了,它们拍摄了墨西哥公路的动态视频和美国丹佛的夜光遥感,并对美国亚特兰大进行了大推扫成像,这在我国遥感卫星中都属于首次,未来也将在商业遥感市场上发挥重要作用。

随着以长征十一号和长征六号为代表的小型运载火箭开始服役,我国微卫星发射能力已经跻身国际先进水平,我国还在研制Naga-1型运载火箭,虽然Naga-1火箭约1000万美元的价格要高于现有上述两种长征火箭,但在国际市场上仍然很有竞争力,有望成为国际微卫星发射市场的有力竞争者。

话说回来,微卫星已经具备了实用价值,并经历井喷,但技术上尤其是微机电和微电子设备领域与国际先进水平仍有一定差距,正如我国在发射微卫星的运载火箭已迎头赶上,在微卫星的研制和应用上必将同样实现赶超。

2. "丽水一号""潇湘一号"飞向太空——中国民企出手了

2016年11月10日,"丽水一号"商业遥感微小卫星星座首批卫星成功搭载长征十一号火箭一箭多星发射入轨。该星由浙江利骓电子科技有限公司研制、生产、总装、测试,预计将有80—120颗卫星,这是一家全民营商业卫星公司。

2016年11月10日"潇湘一号"在酒泉卫星发射中心升空,它是由民营卫星公司天仪研究院研制的微型卫星,这颗重8千克,大小为345毫米×250毫米×132毫米的微小卫星,就像一个小盒子。

2.1 "丽水一号"

"丽水一号"的成功得益于下述几招:

模块化、标准化是小卫星与生俱来的特点,也是低成本的依靠。打个比方，当一台电脑中的某个零件"罢工"时，淘汰整个主机显然不划算，而仅更换该零件无疑物美价廉得多。这就要求零件设计的"模块化"，可以在批量适配的型号上任意替换。

兼容，即同时兼容不同子系统或载荷供应商需求，将本项目中所有卫星接口都比照国际标准设计为子系统／载荷系统提供了可供选择的诸多接口。

备份，显然不是省银子的事。但确实可以省银子，初期的额外投入正是为了随后更好地降低成本。这里所说的备份叫做多独立星上计算机冗余设计。它的意思是在同一颗卫星上同时装配两个以上的星载计算机系统，其中一款计算机系统为成熟飞行技术验证过的高可靠性产品，其余的则为验证不同技术、软件或者元器件的试验型产品。这样既确保卫星安全，又为后期新技术的正式应用做准备。

组织起来，谁都明白大卫星的全部功能不可单靠着一颗身形玲珑的小卫星来现实。亦即，一个小家伙办不到的事情，可以召集一群小伙伴共同来解决。"丽水一号"可以通过标准接口，实现备用星与目标星在轨对接，从而把多套卫星系统集成为一个多功能卫群，或者功能上等同于大一级别的卫星群。

2.2 "潇湘一号"

它搭载着四个科研项目，包括导航信号增强试验、空间软件无线电试验、新型星载计算机验证试验和高精度光学稳像技术试验。

微小卫星公司天仪研究院于 2015 年成立，发展至今，团队三十余人，其中技术人员二十四五个，基本上都来自航天研究所。

自天仪研究院成立以来，一直坚持着"三不原则"：

首先，天仪的目的在于为国家的航天事业提供补充，不去直接承接国家任务，不和体制内传统科研院所竞争国家卫星任务。

其次，天仪自己研制卫星，但不销售卫星，出售的是利用微小卫星进行太空科学实验和技术验证的相关服务。

再次，天仪坚决不做国家已经布局好的卫星应用，不直接涉足遥感、通信、导航等领域。

工作特点是面向全世界科研机构、企业和个人提供灵活、高效的太空科学实验和技术试验服务。他们快速响应，甚至可以将实验周期（需求、论证、立项、研制、试验、发射）从近十年的时间缩短至一年以内。在价格上，设计中采用大量商用器件，可大幅度降低制造成本。

在发射资源上，主要与国有火箭研制团队进行合作，深知各方流程，能够加快达成合作。

3. 青少年参与研制的小卫星发射升空

2016 年 11 月 10 日由中学生参与研制的科普卫星——"丰台少年一号暨少年梦想一号"在酒泉卫星发射中心由长征十一号运载火箭发射升空。

这颗小卫星是一颗试验卫星。它长 10 厘米、宽 10 厘米、高 20 厘米，重 1.87 千克，主体为黑色，可以进行无线电信标发射及语音信号传递，但不能进行图像传输。小卫星进入太空后，全世界的无线电爱好者都可以搜寻其信号并接收语音信息。这颗卫星在轨运行、工作时间大约为 10 天。"丰台少年一号暨少年梦想一号"卫星属于丰台区东高地青少年科技馆钱学森青少年航天科学院实施的"青少年小卫星计划"项目。2012 年，该项目首颗初样星由北京十二中钱学森航天实验班学生研制成功，并完成制作。从那时到现在，参与制作卫星的中学生共有 16 名，他们来自北京十二中、北京十八中、航天中学、北京八中和北京二十五中。在航天专家的帮助下，他们完成了卫星结构、星箭分离、卫星电源技术、星地无线电通信、卫星发射场的雷电探究与防治、卫星轨道的分析和计算、太空环境对食用菌的影响等多个专题的系统学习，并参与了卫星研制、星箭匹配、卫星测试。此次中学生参与研制的小卫星的成功发射，在我国青少年科技创新领域具有里程碑意义，而中学生参与卫星设计、研制过程，也极大地提升学生的科学素质，有效地培养了学生的科技探究能力。

按照计划，"青少年小卫星计划"将升级换代。钱学森青少年航天科学院研制的下一颗小卫星也将发射。这颗小卫星是一颗准专业级的卫星，功能更加强大，不但可以传输语音，还可以进行图像传输，在轨工作时间可以达到两年。

六、太空中的"涟漪"——引力波探测

2016年2月16日,中国科学家公布了正在筹划的一项新的空间探测引力波计划——太极计划。中国科学院院士、太极计划首席科学家胡文瑞介绍,太极计划的一种方案要求在2030年前后发射三颗卫星组成引力波探测星组,用激光干涉方法进行中低频波段引力波的直接探测,目标是观测双黑洞并合和极大质量的天体并合时产生的引力波辐射,以及其他的宇宙引力波辐射过程。

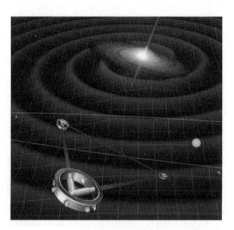

图 6-1　棒状引力波探测器模拟图

1. 什么是引力波?

在物理学上,引力波是爱因斯坦广义相对论所预言的一种以光速传播的时空波动，如同石头丢进水里产生的波纹一样，引力波被视为宇宙中的"时空涟漪"。通常引力波的产生非常困难，地球围绕太阳以每秒30千米的速度前进，发出的引力波功率仅为200瓦，宇宙中大质量天体的加速、碰撞和合并等事件才可以形成强大的引力波，但能产生这种较强引力波的波源距离地球都十分遥远，传播到地球时变得非常微弱。

美国国家科学基金会在华盛顿特区国家媒体中心宣布：人类首次直接探测到了引力波，该引力波（GW150914）是美国"激光干涉引力波天文台"（LIGO）两台孪生引力波探测器探测到的。两颗初始质量分别为29颗太阳和36颗太阳的黑洞，合并成了一颗62倍太阳质量高速旋转的黑洞，亏损的质量以强大引力波的形式释放到宇宙空间，经过13亿年的漫长旅行，于2015年9月14日中午11点（中欧时间）抵达地球。德国汉诺威爱因斯坦研究所意大利籍的博士后马可·蒂亚戈当时正坐在他自己的电脑前，远程观看LIGO的数据。引力波出现在他的屏幕上，就像一个被压缩了的曲线。事后得出引力波初始频率为35赫兹，接着迅速提升到了250赫兹，最后变得无序而消失，整个过程仅持续了四分之一秒。

图 6-2　黑洞模型图

探测到引力波不仅证实了爱因斯坦广义相对论对引力波的预言，也证明了宇宙暴涨理论的基础，可以说开启了一个物理研究的新领域。

2. 中国在行动

中国科学家正计划在海拔 5000 多米的西藏阿里，捕捉宇宙诞生的"初啼"。

2014 年 5 月，中科院高能物理所提出在西藏阿里开展 CMB（宇宙微波背景辐射）实验研究。据介绍，原初引力波太微弱，所以要选干扰尽可能少的区域。大气越稀薄、水汽含量越少，才越有希望看清原初引力波留下的痕迹。目前，根据大气透射率，在全球共选出了 4 个最佳观测点，阿里有望成为北半球天区第一个地面观测点，与南半球实现联合观测。

另外，中国西南贵州，在形成于 4500 万年前的巨型天坑中，科学家与工程师建造面积相当于 30 个足球场的世界最大单口径射电望远镜。它像一只庞大而灵敏的"耳朵"，将捕捉来自遥远星尘最细微的"声音"，洞察隐藏在宇宙深处的秘密。

"大耳朵"正式的名字是：500 米口径球面射电望远镜，缩写 FAST。中科院国家天文台射电部首席科学家说，FAST 的一个重要目标是利用脉冲星探测引力波。引力波会使脉冲到达时间发生变化，如果能观测到全天的脉冲星或者某一方向上的多个脉冲星周期发生变化，就能探测到引力波。

中山大学提出过另一项空间探测引力波计划，并起了一个诗意的名字"天琴计划"。

天琴计划为四个阶段：一是完成月球／卫星激光测距系统、大型激光陀螺仪等地面辅助设施，完成中国自己的月地测距；二是发射一颗卫星，完成无拖曳控制、星载激光干涉仪等关键技术验证，以及空间等效原理实验检验；三是发射两颗卫星，完成高精度惯性传感、星间激光测距等关键技术验证，以及全球重力场测量；四是完成所有空间引力波探测所需的关键技术，发射三颗地球高轨卫星进行引力波探测。目前，中山大学珠海校区正在建设引力波研究所需的地面基础设施。

七、航天成果转化

曾几何时，载人航天是一个遥不可及的梦想，高、精、尖的航天技术也因远离百姓生活而颇具神秘色彩。如今，深居闺中的航天技术已经逐步走下"神坛"，远在天边的航天科技产品已经触手可及，在和百姓生活息息相关的多个领域，扮演着靓丽的角色！

1. 天净 1 号静电式空气净化器

在对航天型号产品进行静电防护的基础上，北京东方计量测试研究所将空间静电除尘、空间环境监测与实验、空间电磁场等航天技术转化应用到室内空气污染治理方面，自主研发出天净 1 号静电式空气净化器，实现对室内 $PM_{2.5}$、臭氧、甲醛等空气污染物的综合治理。那么，这种航天技术治霾效果如何？

它融合高压极化电离、电场吸附沉淀、等离子催化三大技术，对 $PM_{2.5}$、甲醛等空气污染物实现了超速高效的净化。实验显示，在密闭的较小空间里，打开天净 1 号 3 分钟就能使 $PM_{2.5}$ 浓度由"超爆表值"的 2999 微克／立方米降至 0.3 微克／立方米。净化效果方面，$PM_{2.5}$ 净化率达 99.9%，除甲醛率达 99%，灭菌率达 99.96%。

天净 1 号净化器的除尘过程首先是电离空气，让空气产生带电粒子，然后在电场力的作用下使颗粒物（污染物）和气流分离，同时把颗粒物吸附在静电集成板上，从而完成颗粒物除尘过程。

除了净化效果好，天净1号第二个优势是不需更换滤网，没有耗材消费。传统净化器每年至少需要更换2—4次滤网同品质的净化器滤网更换费用一年至少在2000元以上。

耗电量是消费者在选择空气净化器时普遍关心的问题。天净1号净化器能耗低，即使24小时不间断运转状态下，3天才用1度多的电。该净化器还可以实现智能控制：在$PM_{2.5}$高于指标时，全方除雾霾系统自动进入高效运行模式；达到净化效果时，除雾霾系统自动切换到低速运行状态，降低能耗，节能环保。

此外，净化器风噪非常小，打开机器，几乎听不到传统空气净化的轰鸣声。这是因为天净1号相比滤网式净化器噪音能降低20%。

2016年北京东方计量测试研究所关于筹建国家静电防护产品质量监督检验中心的申请获得国家认监委批复，该所成为目前国内唯一国家级静电防护产品质检中心筹建资格单位。

天净系列产品也在日益扩大并完善自己的型谱，除了上述介绍的多款产品外，天净系列在研的可穿戴空气净化设备、形似太空舱的儿童／婴儿床，旨在营造安全、舒适且经济实用的微循环系统，市场前景，值得期待。

2. "抗震神器"

近来，一种在网上被称为"抗震神器"的设备被广为传播。实际上，它是在航天技术加快军转民的背景下，中国航天科技集团公司四院41所研发的减隔震产品。

2.1 灵感来自火箭发动机

2013年4月20日，四川省雅安芦山县发生7.0级地震，震中芦山县龙门乡99%以上房屋垮塌，但是由澳门特别行政区援建的芦山县医院在强震中"毫发未损"，因为这栋建筑物有防震设计，加入了一种隔震垫。设计专家想到能否依托固体火箭发动机喷管柔性摆动技术，研发减隔震产品，以减少和阻隔地震波对建筑物的影响。即在建筑的上部结构与地基之间增加隔震层、安装橡胶隔震支座，就能起到与地面"软连接"的作用，通过这样的技术，可以把地震80%左右的能量隔离，减少地震对上层建筑的破坏。隔震支座的工作原理与火箭的柔性喷管很接近，要有足够的支撑力扛起上面的建筑，在抗拉力上又要具备弹性，而不至于被拉断。历经两年多，研制出叠层橡胶隔震支座。它是由一层钢板、一层橡胶，层层交错叠合起来，并经过特殊工艺将橡胶与钢板牢固地黏结在一起。这样的结构，具有大的竖向刚度和竖向承载力，足够支撑庞大建筑物的荷重，安全系数一般可达10以上。同时，又具有很小的水平刚度和足够大的水平变形能力，保证建筑物的振动周期延长2—3秒或3秒以上，从而能够避免同频共振带来的破坏。此外，支座具备恰当的阻尼和稳定的弹性复位功能，兼具耐久性和抗疲劳性能，适用于新型桥梁和房屋建筑。

2.2　应用前景

除了需要在整体上帮助建筑物减隔震，房屋内的精密仪器设备、重要文物也可以通过减隔震支座得到重点保护。比如，博物馆也是需要重点保护的对象。一旦出现极端条件，连隔震支座都无法避免的大变形和位移怎么办？此时，一方面，将研发一种配合支座使用的装置，以应付更大的荷重和冲击；另一方面，还将通过航天仿真技术来优化、改进现有的隔震结构。

目前市场上的减隔震产品主要都是应用于二维层面的地震中，因为地震波最厉害的就是横波，地面是横向摆动。国内外业界还在研制、测试三维空间的减隔震系统，可应对海上的横向和纵向摆动。

中国的隔震技术起步较晚，但目前已建有隔震建筑3000多幢，比2005年统计数量翻了一番。其中，云南省的隔震建筑面积约占全国的一半左右。国家住房和城乡建设部发文指出，从2014年起，各省自治区、直辖市住房和城乡建设厅应有序推进减隔震技术的应用，确保工程质量。凡是位于抗震设防烈度8度及以上的地震高烈度地区及地震灾后重建的4至12层学校教学楼、学生宿舍、医院医疗用房、幼儿园、机场等人员密集公共建筑，必须采用基础隔震技术进行设计。

在中国，减隔震设备未来还会在公路、桥梁、船舶和核电设施等领域会有更大的用武之地。

3. "神五" 防护耳塞和 4D 影院特效椅

3.1 "神五" 防护耳塞

航天器在升空时，舱内声音远远超过人体的承受能力，我国 "神舟五号" 飞船上升时舱内的噪声达到 120 分贝。在充满噪声的环境中工作，航天员很难发现各种设备预警信号，且设备运行的蜂鸣声很容易造成人体疲劳，导致航天员精力不济或出现操作事故，故航天飞行噪声被称为航天员的 "隐形杀手"，是难以解决的世界性难题。为此，航天员科研训练中心根据人体耳朵的生理结构特点，针对飞船舱内噪声谱，从数百种原材料中最终遴选出贴近人体组织结构的特殊材料，经过严格的压力和使用效果测试，研制出了航天员专用防护耳塞。经中科院计量研究所鉴定，降噪效果达到国际先进的 32 分贝，对于特定噪声环境具有很好的防噪功能。

据专家介绍，这种防护耳塞能自动调节耳内气压变化，有效消除、缓解因航天器飞行噪声引起的耳朵疼痛与不适。戴上这种耳塞，能与耳道自动吻合，没有压迫感，不仅可以有效降低噪声，而且不影响航天员通过通讯帽与地面进行通话。此外，此耳塞还具有独特的抗压性能，潜水者潜至水下 10 米无不适感。

这种耳塞在民用领域有着广阔的市场。它适用范围广泛，特别适合航空、电力、火车、纺织、冶金以及娱乐场所等高噪声污染环境。据悉，这种耳塞已经走进百姓日常生活，澳大利亚采矿工人已经使用上了 "神舟五号" 防护耳塞。

3.2 影院特效椅（4D）

看电影从 3D 到 4D，即从立体效果到 "身临其境"，这种特效是如何实现的呢？这种 "身临其境" 的感觉的实现有赖于立体影院中特效座椅、特效设备和计算机控制系统的相互协调配合，通过刺激观众的视觉、听觉、触觉、感觉，再现影片所涉及的情境和特定环境的特殊遭遇等，营造出使人 "身临其境" 的整体效果。据专家介绍，4D 影院的特效座椅可以做 3 个方向上的复杂运动，可以逼真地模拟坠落、爬升、倾斜、俯仰、摇晃等动作，具备喷水、喷气、震动等功能，观众能实时感受到风雨、雷电、撞击、喷洒水雾、拍腿等与电影情节相对应的事件。特效座椅的核心是"电动缸"技术，这是在航天发射中应用非常成熟的技术。在中国航天科工集团三院 8359 所与哈尔滨天利航空仿真技术有限公司的集体攻关下，将其运用到影院特效座椅设计中，从而为我们打造出一场感官盛宴。

4. 壁纸打印机和木糖醇

4.1 壁纸打印机

在进行家庭装修和环境布置时，你是否能联想到它会和衣服有关，和航天科技有关？一点不错，装修房子用的五彩缤纷的壁纸，壁纸上凹凸不平、形状各异，所有这些效果的实现有赖于打印机的"圆网部"来实现。这些压花、凹印、圆网、撒粒等功能对"圆网部"的金属拉丝有着非常高的要求，要能按照要求变形并快速恢复，这种理念和航天服里金属网能自由变形和恢复的理念如出一辙。

西安华阳印刷包装设备有限公司借助航天服里的金属网设计原理，利用航天高科技对特种金属进行拉丝，研制出了适合壁纸打印机需要的金属拉丝。在此基础上研制的打印机可实现压花、凹印、圆网、撒粒、涂布等功能的任意组合使用，可以生产出各种不同款式的精美壁纸，实现了设备操作智能化、控制质量自动化，大大提高了安全性。这种壁纸打印机能与高端欧美设备媲美。该公司利用航天科技的脚步并没有停止。当世界卫星式柔版印刷机的打印宽幅不断取得进步的时候，该公司利用生产火箭液体发动机的光机能一体化技术，将其高速转动轮轴技术应用到印刷机中，成功研制出了宽幅 2 米的卫星式柔版印刷机，它可以用来印制壁纸、啤酒箱等与百姓生活息息相关的印刷品。航天技术的运用降低了生产成本，也促进了产品的技术升级。

4.2 木糖醇

木糖醇和航天技术，这看似风马牛不相及的两样东西真还是有缘的。据专家介绍，我们平时食用的木糖醇、果糖等的生产都离不开超大型苯烯酸反应器，这种反应器的生产就是利用航天焊接技术的结果。作为化工生物工程的核心单元，苯烯酸反应器对加工要求极高，不能有一点泄漏，任何一个点发生渗漏微渗漏，都会引起整个反应器燃烧或者爆炸，因此对焊接技术有着极高的要求。由于设计加工难度极高，以往这一类型的催化反应器都是国外垄断，严重制约着国内化工生物产业的发展。

焊接技术是航天系统的绝活，西安航天华威化工生物工程有限公司研制出了直径达 7 米的超大型苯烯酸反应器，每一个接口都保证了零渗漏，该产品一出即打破国外垄断，占国内 75% 的市场份额。

5. "高分卫星"引领我们生活

造好星和用好星同等重要，只有把卫星的应用效能发挥到极致，才能让国家、让百姓真正感受到高分科技的价值所在。

5.1 实现国土资源立体监测

要坚守 18 亿亩耕地红线，一直是国土资源管理部门的一块心病。传统调查监测手段周期长、效率低，效果不尽如人意，而卫星遥感成为国土资源管理不可或缺的技术手段，迫切需要构建"天上看、地上查、网上管"的立体监管体系。同时，根据国家规划，土地利用动态遥感监测、土地利用现状调查等以遥感卫星为技术基础的各项工作都已经或即将启动。

在这一背景下，高分卫星的研制和应用，必将为我国国土资源调查、监管、利用提供强大的数据图像支持，其高空间分辨率和高时间分辨率完美结合的应用优势，也将得到实质性的凸显。

5.2 改善环境监测

当前，挥之不散的雾霾挑战着人们的脆弱神经，河流水污染，饮用水问题频频曝光，让人忧心忡忡……目前，我国环境形势严峻，这都要求大力发展卫星遥感监测技术。高分卫星的高分辨率图像产品将利用到重大环境污染事故与环境灾害、核安全等遥感监测业务工作中，进一步提高我国环境监测和保护的能力。

5.3 效力减灾救灾

我国是一个自然灾害频发的国家，但同时我国的灾害监测手段相对落后，因此，国家减灾救灾业务对于高分卫星的需求就显得十分迫切。高分卫星对于减灾救灾最大的优势就是精确性和及时性，它们的发射将为我国综合减灾救灾提供快速、准确的辅助决策信息示范。除此之外，高分卫星还可广泛应用到电子政务应用业务、地震构造调查、测绘遥感、应急响应、支撑农业等方面。

6."航天品牌"效应

航天集中了一个国家的最尖端技术。历经几代人打造的中国航天品牌，也以其很高的知名度、不断开拓创新，铸造了民族的"航天品牌"。

因此，与中国航天成为合作伙伴，是诸多企业正在走的发展捷径。四季沐歌搭乘航天快车实现产品飞跃就是最好的例子。

四季沐歌在短短的时间内成为我国太阳能行业的佼佼者，其"飞天"太阳能热水器成为家喻户晓的品牌，这和航天科技、航天品牌有密切的关系。随着载人航天的发展，太阳能专家看着飞天的"神舟"飞船突然有了灵感。"神舟"飞船发射，表面温度可达1000多度，太空飞行中，飞船向阳和背阳面的温度差可达到几百摄氏度，而每天经历的昼夜温差可以达到200摄氏度。要保证舱内设备正常工作，飞船必须有极强的隔热措施。飞船用于加热的"航天管"与用于保温的"绝热舱"内外兼修，充分保证了航天器的加热和保温作用。

太阳能热水器和航天器的"航天管""绝热舱"理念上极相似，太阳能热水器的真空管把光能转化成热能，为水箱提供热量，转换效率必须非常高。其面临的环境和航天器面临的环境在长年累月经受各种恶劣环境的考验上有相似之处（当然有质的差异）。为此太阳能专家决定，借鉴航天器的"航天管"和"绝热舱"技术，来解决太阳能集热和保温效果不好的问题。于是四季沐歌和航天部门取得联系和合作，历时3年终于研制出了新一代太阳能真空管——"天管"。"绝热舱"技术也有了突破。

航天技术的介入，使得太阳能热水器打破了行业技术瓶颈。使用"航天管"和"绝热舱"技术的"飞天"太阳能热水器顺利下线，还被指定为中国航天专用产品，而新一代航天镀膜技术也在不断引领太阳能热水器技术升级，镀膜产品的质量更加稳定，效果更好。

另外，搭乘航天快车提升自身品牌影响力，扩大自身影响的企业也不在少数，舍得酒和农夫山泉就是成功的代表。

舍得酒从沱牌低档白酒市场向高档白酒市场的华丽转身，要归功于和"嫦娥奔月"的成功联姻。而农夫山泉矿泉水也是将目光投向中国航天。获得了"中国载人航天工程赞助商"和"中国航天员专用饮用水"两项荣誉称号，并成为首次载人航天的唯一饮用水品牌，因此成为家喻户晓的品牌。

八、致敬航天人

1. 中国的英雄航天员团队

中国载人航天奇迹的背后有着一群英勇拼搏、不怕牺牲、敢于挑战的航天员队伍。他们的名字将永远镌刻在中国载人航天发展的丰碑上，他们是：杨利伟、费俊龙、聂海胜、翟志刚、刘伯明、景海鹏、刘旺、刘洋、张晓光、王亚平、陈冬。

1.1 中国飞天第一人——杨利伟

杨利伟是中国第一位遨游太空的航天员，2003 年 10 月是他生命中最难忘的时刻。一声"点火"令下，杨利伟乘着飞舞的火龙，拔地而起，"神箭"像一列列竖立的巨大火车，向着天空徐徐飞升，再也没有任何东西可以阻挡它的去路，从地球表面冲向太空，那巨大的声响、壮观的尾气，足以震撼人们的心灵。躺在庞然大物里的杨利伟自然感受到了巨大的震撼，先是高达上百分贝的噪声袭来，仿佛有上百条小虫子想拼命钻进他的耳朵。紧接着，火箭带动飞船开始剧烈地震动，就像乘坐一辆时速上百千米的汽车从楼梯飞驰而下。有一段时间抖动得几乎看不清显示屏上的数据，同时还有加速度带来的超重，仿佛有几个人同时坐在他的身上，压得喘不过气来……9 时 9 分 47 秒，当最后一级火箭被甩掉，飞船进入了预定轨道，杨利伟感觉自己的身体"没"了，他的头脑很清楚：奇妙的失重已经降临，自己已经进入了太空。

在太空中，杨利伟美美地享用了充满中国风味的饭菜（如八宝饭、鱼香

图 8-1　杨利伟在太空展示中国和联合国旗帜

肉丝等）以及用中药和滋补品制成的饮料，当飞船绕地球运行第七圈时，他展示出中国和联合国旗帜，并向全世界人民问候。

20多个小时后，杨利伟在"神舟"飞船上已经绕地球飞行了14圈，这意味着返回的时刻到了。返回阶段是整个飞行最关键的时刻，也是最危险的阶段，飞船要以8千米／秒的速度冲进大气层，船体将经受数千摄氏度高温的考验。"黑障区"更是折磨人的地方，尽管只有短短的几分钟。此时只听到飞船与大气层摩擦产生"轰轰"的撞击声，飞船已成一个大火球，杨利伟就像坐在《西游记》中太上老君那熊熊燃烧的炼丹炉中，但一切安然无恙。

几分钟后与地面的通信已经恢复，这是成功冲出"黑障区"的标志。在飞船即将落地前，反冲发动机点火，为的是减少落地时的振动，准确判断加上及时切断伞绳，飞船完美落地，中国载人航天的首次太空之旅也画上了完美的句号。杨利伟作为中国载人航天的首飞航天员当之无愧地成为航天英雄。

1965年6月21日，杨利伟出生在辽宁省绥中县的一个教师家庭，从小受到良好的家庭启蒙教育，为杨利伟后来的学习成才奠定了坚实的根基。1983年夏季，杨利伟考进空军第八飞行学院，成为天之骄子。由于天资聪慧，加上勤奋刻苦努力，他迅速掌握了飞行技术，很快成为飞行骨干。1996年初夏，杨利伟接到通知赴青岛疗养院参加航天员初选体检。一开始，他并没有抱太大希望，但随着体检一关一关通过，他的信心越来越强，想当航天员的心情也变得非常强烈和迫切。不久，他便接到了到北京进行体检复查的通知。为了做好充分准备，他提前3天到空军总医院报到。他的临床医学和航天生理功能各项检查的指标达到优秀，令评选委员会全体专家信服。1998年1月，杨利伟正式成为中国航天员大队的一员。

在北京航天员训练中心，无论是基础理论，还是体质训练、心理训练、专业技术训练、飞行程序与任务模拟训练、救生与生存训练等，杨利伟以他对航天事业的无比热爱和执著追求，严格要求，精益求精，各项训练成绩都是同伴中的佼佼者。他逐渐掌握了飞行动力学、空气动力学、地球物理学、气象学、天文学、宇宙航行学、火箭与飞船的设计原理结构导航控制、通信、设备检测以及航天医学方面的知识，并在与真实飞船相同的训练模拟器上按照航天飞行程序进行无数次从发射升空、轨道运行到返航、着陆的模拟飞行。

在载人航天飞行训练中，超重耐力训练是对航天员自我极限的最大挑战。善于动脑的杨利伟每次做完训练后，都及时总结经验，掌握好抗负荷用力和频率的度。慢慢地，他达到了8个G以上，越做越轻松。做大载荷时，他最高心率达到每分钟110上下，跟平时心率没什么区别，成为同伴中抗负荷成绩的优胜者。

1.2 中国首位女航天员——刘洋

我国女航天员参加载人航天飞行任务，填补了我国女性航天飞行的空白，可以带动女航天员相关飞行产品的研制和女航天员地面训练等方面的发展，积累女性在生理、心理及航天医学方面的飞行实验数据，还可以进一步扩大载人航天工程的社会影响，展示中国女性的良好形象。作为我国首位飞向太空的女航天员，同时又是第二批航天员中首位执行任务的代表，刘洋自然是乘组中的焦点。"神舟九号"任务中，刘洋主要负责航天医学实验和空间试验管理，内容达数十项。每一项科学实验，刘洋都完成得非常出色。

刘洋曾任空军某飞行大队副大队长，安全飞行1680小时，被评为空军二级飞行员。2010年5月正式成为我国第二批航天员。2012年3月，入选"神舟九号"任务飞行乘组。初中高中阶段，刘洋的学习一直名列前茅，一直担任班级组织委员，还被评为优秀学生干部、三好学生。毕业前，适逢空军到河南招飞，刘洋通过层层严格的体检，以超过当年地方重点院校录取线 31 分的高分，被长春第一飞行学院录取，成为一名女飞行员。她是新中国成立以来，空军在河南招收的首批女飞行员，在同批女飞行员中第一个"放单飞"。刘洋的飞行生涯并非一帆风顺，充满了风险和挑战。刘洋在飞行训练中曾遇到飞鸟，面对机毁人亡的危险，她沉着冷静，继续保持飞行状态，最后将飞机稳稳地降落在跑道上。

对于一位进入航天员大队刚满 2 年的"新兵"，要担负"神舟九号"的飞行任务，这对刘洋是一次严峻的考验。刘洋深知自己的责任，她一门心思扑在学习训练上。按照刘洋现在的成绩，她可以像男航天员一样，8 倍于自己的重量压在身上，依然可以保持头脑清醒，正常操作。

2. 中国航天事业的奠基者——钱学森

中国著名的火箭专家，中国航天科技事业的先驱和杰出代表。钱学森一生在空气动力学、航空工程、喷气推进、工程控制论、工程力学等科学技术领域都作出了开创性贡献，被誉为"中国航天之父""火箭之王""导弹之父"。

2.1 赤子情怀，矢志报国

1947 年，年仅 36 岁钱学森已是世界知名的火箭喷气推进专家，成为美国科学界一颗耀眼的明星。1949 年 10 月 1 日，中华人民共和国成立。钱学森深为祖国的新生而高兴，他定要实现心中由来已久愿望，那就是"回到祖国去，为祖国的建设事业贡献力量"。经过不懈的努力，克服重重阻碍，1955 年 9 月 17 日，钱学森一家乘坐"克利夫兰总统号"轮船踏上了归国的路程。1956 年 2 月 17 日，钱学森以战略咨询的方式，向中央递交一份关于《建立我国国防航空工业的意见书》。该《意见书》就我国火箭、导弹事业的组织方案、发展计划和具体措施发表了精辟的见解，不久，组建中国第一个火箭导弹研究机构——国防部第五研究院，钱学森被任命为院长。新中国的火箭、导弹和航天事业由此开始了艰难的征程。

1965 年 1 月，他向中央提出我国人造卫星研究计划及卫星发展的"三步曲"，我国第一颗人造卫星的工程代号由此被定为"651工程"，钱学森担负"星—箭—地面系统"总的技术协调和组织实施工作。1970年4月24日，我国第一颗人造卫星"东方红一号"遨游太空，向世界宣告新中国迎来了航天时代的黎明。

2.2 "公""私"分得清清楚楚

钱学森不仅在科学问题上认真，日常生活中，他将"公"和"私"也分得清清楚楚。钱学森一生烟酒不沾，唯喜喝家乡的龙井茶。与他通信来往的人中，杭州人也不少，有时人家为了对他的指教表示答谢，送他一点茶叶，他回信说："您给我带来家乡春茶，我十分感谢！但现在茶叶价高，如作为礼品送我，我实在不敢接受。如您答应作价交换，请用电话告诉秘书，我们再到尊寓去取，不然就请您留下自饮吧。"在另一封信中，钱学森说："研究学问，同志间互相帮助是常理，不需要道谢，更不能送礼，那是封建陋习啊！"

我们从钱老自立的另一个规矩中也可以看到他对自己严格要求的认真态度。他说不题词，那就坚决不题，对谁也不例外。他的一位好友找上门来，想请他为一个活动题词。他说："您要我题词使我为难，我是从来不干这种事的。如果这次我为您题了词，将会得罪千百曾请我题词而受拒的人。与其得罪大家，还是得罪您一个人吧，请恕。"有人知道他这个态度以后，便不直接找他，而是给他最敬重的聂荣臻元帅写信，请聂帅转给他。他在收到聂帅转来的信以后表示："老师并没有命令我题词，而是请我酌定。我的酌定还是不题词。"他认真得连聂老师的"面子"都不给。

2.3 姓钱但不爱钱

钱学森姓钱，但不爱钱，他一生把金钱看得极淡。1947年和蒋英结婚，有了贤内助后，他既不管钱也不管家事，成了"甩手掌柜"。回国后，他的物质生活水平和在美国比有了很大差别。比如，刚回国的钱学森看到祖国欣欣向荣，兴奋不已，所有美好影像都留在他喜欢的相机镜头里了。蒋英曾说："一个月下来，光他买胶卷、冲洗照片这些事，就把当月的工资花光了。这时我们才明白，不能像在美国那样花钱了，从此他再没有动过那个相机。"

除工资收入外钱学森获得的各类奖金和稿费也不少，这些收入他从不交给蒋英补贴家用。其稍微大笔的收入，他都捐了出去，或作为资助某项事业的捐款，或作为特殊党费上交，剩余的则全部放在秘书那里。

3. 尊重科学敢讲真话——孙家栋

他是最年轻的"两弹一星"元勋，也是最年老的卫星工程总设计师，是我国卫星事业和深空探测事业的开拓者之一、探月工程高级顾问、北斗卫星导航系统工程总设计师，参与创造了中国航天史上多个第一。他先后主持完成了我国第一颗人造卫星、第一颗返回式卫星和第一颗静止轨道试验通信卫星的总体设计，担任了月球探测一期工程的总设计师。

3.1 集体智慧无穷大

孙家栋吸引人们的不仅仅是科技成果，也不仅仅是他的科研历程，更吸引人的其实还有他的人生启迪、他为祖国航天事业默默奉献的心路历程和对事业执著、对同志的真诚。孙家栋经常强调，航天事业是千万人共同劳动的结果，需要高度融合团队、凝聚团队发挥团队集体力量，才能确保成功，总体最优才是最好，要"发挥系统集成优势"。

2009 年 1 月 11 日上午，孙家栋，这位见证了中国卫星第 1 次和第 100 次发射的航天人，在他 80 岁高龄之际站上了人民大会堂主席台，接受时任中共中央总书记胡锦涛亲手颁发的 2009 年度国家最高科技奖获奖证书。他在发表获奖感言时说："心情非常激动，非常荣幸。自己感觉，航天事业是千人、万人大家共同劳动的结果，是社会主义集中力量办大事的优势下产生的，奖励是给予航天事业的肯定。"航天已经成为孙家栋生命中的一部分。从航天大国走向航天强国的道路上，这位航天老人仍将继续创造新的辉煌。

3.2 面对总理说实话

1969 年 10 月下旬的一天晚上，孙家栋作为卫星总体技术总负责人和钱学森的助手，与钱学森一同来到人民大会堂江苏厅，向周总理和其他领导进行汇报。而孙家栋在得到他将参加汇报的通知后，就在反复考虑几个问题。其中的一个问题是：该不该向总理提出在卫星许多仪器上镶嵌毛泽东金属像章对卫星部件的影响？如何处理尊重科学与突出政治的矛盾？怎样才能既解决问题，又不至于使领导为难？

孙家栋简单讲明像章问题，马上引起周恩来总理的重视。周恩来没有正面评价这件事情的对与错，说："大家对毛主席热爱是对的，但是大家看看我们人民大会堂这个政治上这么严肃的地方，也不是什么地方都要挂满毛主席的像，有的地方是写了主席的字，但是放在什么地方都是非常严肃的，得认真考虑什么地方能挂什么，你看咱们这个会议室就并没有挂毛主席的像嘛，政治挂帅的目的是要把工作做好，而不是要把政治挂帅庸俗化，搞卫星一定要讲科学，要有科学态度。你们回去以后好好考虑一下，只要把道理给群众讲清楚，我想就不会有什么问题嘛。"周恩来一字一句，句句在理的话不仅使孙家栋心中豁然开朗，而且使在座的人放下了悬在心里的一块石头。会后，钱学森、孙家栋向有关人员传达了周恩来总理的原话，大家马上按总理说的做了安排，使这件棘手的难题得到了解决。

4. 深入一线，沙漠寻"宝"——任新民

他是航天技术与液体火箭发动机技术专家，中国导弹与航天技术的重要开拓者之一，"两弹一星"元勋之一，中国科学院院士。

4.1 接收、拆装 P-1 导弹

1956 年 12 月，任新民接受了一项紧急任务，由其带队乘专列前往满洲里接收苏联援助的两发 P-1 液体近程弹道导弹及其辅助装备。等啊，盼啊，苏联载有两发 P-1 导弹及其配件、备件的专列终于驶达满洲里火车站。由于宽轨与窄轨的问题，需要调换车皮，进行卸装。正是由于任新民和工作组的同志们以及苏军官兵们夜以继日的工作，两发 P-1 导弹及其配件、备件等如期顺利地运到北京。他们圆满地完成了任务。

当时的国防五院六室承担了拆装、测绘和有关的反设计练兵工作。任新民作为研究室主任，组织有关科技人员进行了导弹的拆装、测绘和材料鉴定。他们为大部队做好了存放的支架；为小零件准备了包装纸袋，装进后写明件数、编号等。然后进行拆卸、测绘和测试。经过半年紧张有序的工作，出色地完成了任务，然后进行了重新装配，零组件一个不缺，几乎一个不坏，一个完完整整、干干净净、油光锃亮的 P-1 导弹又雄踞在我们的面前。任新民和他的同事打了一个漂亮的胜仗！

4.2 沙漠寻"宝"

1966年12月26日和1967年1月12日，"东风三号"第一、二发遥测弹分别进行飞行试验。虽均取得基本成功，但都出现了同一故障现象，一时还难以判断和做出结论。任新民心急如焚，他绞尽脑汁，终于想到了寻找"物证"的办法。任新民带领马作新和发射基地参谋等8人，在导弹落区寻找与考察弹体、发动机的残骸，以查明故障原因。

在1967年1月的寒冬腊月里，任新民带领勘测搜寻组飞往落区指挥所。指挥所位于深入沙漠100多千米的马扎山附近，展现在眼前的只是无边无际的大沙漠。任新民这位年过半百的留美博士，看起来既不像是专家，也不像是领导，和大家同吃同住，同在大漠深处进行实地勘察、搜索，探究产生故障的症结。他时不时地说，我们只是来个把礼拜，人家解放军同志一年不知来多少次，一住就是一两个月，这算不了什么。搜索进行到第四天下午，一位战士搜索到一块茶杯大小的黑色金属残片，经过鉴别，确认为是发动机的残骸。"赶快给任副院长发电报，告诉他，我们已经发现发动机的残骸了！"当任新民收到发现发动机残骸的电报后，再也坐不住了，拟定了路线，在两位战士的陪护下，朝着搜索队前进的方向追赶上去。任新民从不满足于坐在办公室里听汇报、看报告，平时不管哪个系统和产品遇到技术关键或发生什么问题，他总是深入研制生产的第一线，掌握第一手材料，同基层的科技人员、工人一起分析问题，解决问题。这次同样长途跋涉赶来了。这次搜索，终于大获全胜，满载着"战利品"连夜赶回了指挥所。

5. 中国卓越的嫦娥工程团队代表——叶培健

他是中国科学院院士，空间飞行器总体、信息处理专家，我国航天器研制的学科带头人之一，中国空间技术研究院CAE技术的奠基人之一。先后任中国"资源二号"与"嫦娥一号"卫星总设计师兼总指挥、太阳同步轨道平台首席专家、空间科学与深空探测领域首席专家。他从瑞士留学归来参加的第一个重大项目是"红外热轴探测系统"的开发，被同事戏谑为"洋博士背着仪器乘火车"，他背着仪器奔波在晋煤外运的铁路上反复试验研究，最终获得了成功，为铁路运输提供了现代化设备。

在深圳交易所"卫星通信双向网系统"研究中，他作为技术负责人和同事联合作战，仅用了1年时间就设计开发出亚洲最大的VSAT系统，先后解决了"最优化的信道分配""应用软件""平稳切换"等问题，极大地提高了交易效率，促进了我国证券市场的发展。

叶培建主持开发和改进了卫星设计研制的各种软件，基本建成了卫星与飞船设计的数据库、应用软件包，建设了卫星与飞船设计、制造的计算机网络环境，初步实现了管理信息化、卫星与飞船研制数字化和CAD/CAM一体化，推进了星船研制的进程，提高了卫星和飞船的计算机设计水平。

叶培建的成功之作是在"资源二号"卫星的研制设计上。中国"资源二号"卫星在我国卫星研制史上首次采用研制方与用户签订合同的方式。用户对卫星有极高的要求，要求卫星研制方不仅要对星体本身技术负责，还要对地面应用系统的技术集成负责，实现星地一体化，这在我国属于首次。

卫星测试管理中，叶培建大胆而科学地提出了改进试验条件的方案，首先提出卫星进入发射场前要进行可靠性增长试验，率先实践了把电测与总体队伍分开的做法，成了"第一个吃螃蟹的人"。经过他和科研团队的共同努力，最终研制获得了成功。2003年，由叶培建担任总设计师、总指挥的中国"资源二号"卫星荣获国家科技进步一等奖。

叶培建是一个善于创造奇迹的人。2004年，我国绕月探测工程正式启动，没有充分的数据参考，没有试验星。叶培建带领这支平均年龄不到30岁的"嫦娥一号"卫星研制团队兢兢业业、稳扎稳打，在充分利用现有卫星研制成果的同时，针对月球探测卫星的新特点，集思广益，开拓进取。短短3年多时间，叶培建先后攻克了月食问题、轨道设计、两自由度数传定向天线研制、卫星热设计、制导/导航与控制分系统设计、测控数传分系统设计、紫外月球敏感器、数管分系统设计等一系列技术难题，拿下了一大批具有自主知识产权的核心技术。他们用短短的3年时间完成了"嫦娥一号"卫星的研制，创造了中国航天器研制历史上的一个奇迹。

6. 心系祖国的华人航天员——王赣骏

1985年4月29日，王赣骏乘坐航天飞机"挑战者号"飞向神秘而又绚丽多彩的太空，由此成为第一位进入太空的华人。

6.1　又是科学家又是航天员

1963 年，王赣骏从台湾赴美国留学。1967 年，他从加利福尼亚大学洛杉矶分校物理系毕业，翌年获硕士学位。后在该校研究院深造，攻读固态物理、流体力学和声学博士学位。1971 年，获博士学位后在母校任助理教授一年。1972 年，任加利福尼亚理工学院喷气推动实验室主任。1976 年，美国国家航空航天局征求太空科学实验计划，他提出的"旋转中的液体平衡状态"研究计划于 1980 年获得通过，成为 500 多个应征的实验方中的 14 个入选方案之一。

1982 年，有关当局改变了以前的做法，决定由提出科学实验项目的科学家亲自到太空进行相关的实验。美国航空航天局选择了几百名科学家参加宇航训练，王赣骏也在其中。他以顽强的精神通过了种种艰难的学习、训练和考试，仅失重训练就进行了 6000 多次，终于成为一名合格的航天员，获得了亲自到太空中进行科学实验的资格。

6.2　终于准许维修仪器

1985 年 4 月 29 日，美国航飞机"挑战者号"离开了地面，王赣骏是第一位到太空操作自己设计的实验仪器、从事自己研究项目的科学家。但是在预定轨道上仪器却出了故障，地面控制中心又拒绝了维修的请求。后又几经请求，最终同意维修。在失重的状态下，维修仪器更加困难。整整两天半时间，庞然大物终于恢复正常。美国国家航空航天局高度评价王赣骏的太空实验，还授予他"太空飞行奖"。王赣骏太空之行的成功，在美国引起了轰动。鲜花、荣誉一齐向他涌来！

6.3　心系祖国

王赣骏虽旅居美国多年，加入了美国国籍，但他始终心系祖国。当谈起太空飞行时，他说："这是一次富有感情的旅行，我以我的中国血统为荣，我为中国人争了一口气。"航天飞机每天飞越中国 4 次，当航天飞机飞越中国上空时，他在舱内用环带扎腰，在无重力状态下原地慢跑。他边跑边在内心深情地呼喊：故乡，我来了。航天飞机从广西上空入境从东北上空出境，历时 7 分钟。尽管只有 7 分钟却已经让王赣骏这个游子感到安慰，圆了多年的思乡之梦。1987年7月，王赣骏偕夫人回大陆探亲访友，离开大陆时，他还带上了故乡盐城的一包泥土，在途经台湾的时候，赠送给了台湾盐城同乡会。

王赣骏是第一个进入太空的华人。这不仅是他个人的骄傲，也是中华民族的骄傲。继王赣骏博士之后，张福林、焦立中、卢杰等华裔宇航科学家也相继飞上了太空。

7. "上海是我的故乡"——香农·露西德

1943年1月14日，一对美国传教士夫妇上海生下了他们的女儿，取名香农。在香农只有几个月大时，她与父母等家人遭到日军关押。直到1944年香农一家才被释放，乘坐瑞典的"格里普斯科尔摩号"返回美国。二战结束后，香农一家重返中国，在南京住了几年，香农还在南京读了幼儿园。可惜在这几年里，一家人没能再去上海。但是，当她成为美国航空航天局唯一一名出生在中国的航天员时，香农从太空看中国总是带有一份特殊的感情。她说，自己每次"路过"上海，会隔着将近400千米的太空，寻找故乡的身影。

在"和平号"空间站上进行188天创纪录的飞行之后，香农受到当时的美国总统克林顿的接见。2002年，她当上了美国航空航天局的首席科学家，一直在休斯敦的约翰逊航天中心工作。机会终于来了，2006年9月，作为由时任美国航空航天局局长迈克尔·格里芬带队的访华代表团的成员，香农·露西德在阔别中国半个世纪之后，终于回到了自己的出生地上海。63岁的露西德告诉记者，几十年来，她曾经一次又一次地在太空中凝视地球、寻找上海，而今天，她终于可以再亲手触摸它的土地。

香农说："一听说格里芬局长要带我一道访问中国，我真是太激动了！这是我小时候离开上海后，第一次返回自己的出生地。"当然，离开的时间太长，香农对上海的记忆已经模糊："我保存了父母的大量照片，所以在我脑海里，上海就是一张张发黄老照片里的样子。"的确如此，除了依稀记得二战时期的上海，只在太空看过400千米外的上海，香农在历经半个多世纪后来到了实实在在的上海，"今天的上海太让人惊讶了！与50年前是如此不同，我会再回来的，带着我的家人，让他们看看我这个老祖母出生的地方。"